U0166531

 编 委 会

起飞的奥秘

李伏龙　张　海◎编著

华夏出版社
HUAXIA PUBLISHING HOUSE

壮志凌云　一飞冲天

为祖国　去飞行

国家　责任　博学　勇气

编者寄语

亲爱的朋友们，人类的航空航天事业，是一个只有起点没有终点的事业。每当提及飞行，仰望天空，作者就会激动不已，眼前浮现出自己驾驶着"雄鹰"翱翔于蓝天之上的景象。那是一种自由的翱翔，在广阔的天地之间，在湛蓝的天空之中，时而可以与洁白的云朵肩并肩，时而又可以与高飞的大雁齐行。清晨，迎着朝霞起飞的时候，你会看到太阳在天际线中跳出，泛红的天边，我们的飞机可以画出一条彩虹。

当飞上蓝天，呈现在我们面前的一切都成了三维立体的空间，我们没有了地面上的屏障，视野更加辽远。

随着人类的进步、科技的发展，在不久的将来，我们可以实现星际旅行，甚至会移民到比月球更遥远的星球上去。当我们能驾驶着航天器飞到太空时，就会看见浩瀚的星河。

要想成为一名航天员，首先要先成为一名飞行员。这不仅是我们的梦想，更是对我们的视野和格局的提升。这就是我们的飞天梦，这个梦想将带领大家成就自己和人类更加广阔的未来！

我们如何才能实现飞天梦呢？在本套丛书中，航普中心的教官们会教大家如何让一架飞机平安地起飞直至降落，从认识航线到可以飞到世界的任何一个角落，以及当遇到恶劣天气、机械故障、应急处置时，我们如何保障数百名乘客的生命安全。

至高无上是飞行。飞行可以锻炼我们的思维逻辑，强健我们的体魄，提高我们的学习能力，丰富我们的科学知识，还告诉我们飞天的意义。我们着眼于梦想，奋斗在蓝天，奉献给祖国。

最后，作者要送给各位亲爱的读者一段话：当我们人类降生的时候，几乎每个人的基因里都会有着一个追求星辰大海的梦想。有梦想，就要去实现。朋友们，你们都准备好了吗？让我们一同进入"飞天梦计划"系列丛书吧！

认真，你就输了；

一直认真，你就赢了。

李伏龙　张海

中国飞天梦志愿团

前　言

　　党的十八大以来，以习近平同志为核心的党中央高度重视我国航空航天强国事业，并多次强调飞天梦是强国梦的重要组成部分，是加快建设创新型国家的重要任务。一直以来，学习飞行的科普书籍一向较为专业，但是对于青少年来说，培养兴趣最重要。

　　"飞天梦计划"航空知识系列丛书分为四册，分别为《起飞的奥秘》《降落的奥秘》《航线的奥秘》及《飞行中的奇闻趣事》，内容涵盖航空发展历程、飞机的结构、基本飞行训练、机场运行常识、飞行理论基础、空中交通管制常识、航空气象基础理论、航空导航基础、航图识读、航空人的因素、航空特情处置常识、飞行中的情景意识等多维度航空趣味科普知识。通过这四册图书的阅读学习，青少年可以掌握起飞着陆、航线飞行、仪表飞行等基本理论知识。

　　"飞天梦计划"航空知识系列丛书具有以下特点。

　　1. 拉近朋友们与星辰大海的距离。将飞行与兴趣培养与逐梦精神相结合，使大家在阅读的过程中，与飞行知识零距离接触。大部分人认为，航空航天与自己相距甚远，事实上，每个人都有追求梦想和飞行的权利，这是人类科技、人文、社会进步的集合。

　　2. 将青少年爱国主义教育与航空报国理念和公民素质教育相结合，使青少年在航空科普氛围中融入航空飞行员的工作环境，身临其境地感受航空机长强烈的责任意识、牢固的章法意识、敬业的道德意识、和谐的团队意识以及严谨的作风形象意识。

　　3. 适用性强，可用于多种科普教育方式。根据本书设计，可开展互动体验、讲座、参观、培训等活动。全角度、多形式的航空科学普及和科技教育活动，让公众在浓厚的科普氛围中了解飞行员的知识、专业、技术和责任。

　　4. 内容来自多年航空科普实践经验，具有较强实用性。内容丰富多彩，用令人轻松愉悦的文字及画面，为读者呈现精彩纷呈的航空世界。是我国当前飞行爱好者中首部航空飞行科普综合类丛书。

　　5. 飞行行业有个不成文的规矩："地面苦练，空中精飞！"一切以安全为重。本书内容包括模拟飞行驾驶内容，并结合此书开发了模拟飞行的设备，成为青少年社会实践与社团课程的有效抓手，受到社会公众特别是青少年的喜爱。

教育部部长怀进鹏在航普中心主任张海的陪同下体验由航普中心自主研发的飞行模拟器

由于航空航天事业发展十分迅速，可能会导致部分内容更新不及时。同时，由于内容涉及范围广，编写时间短，加之编者水平有限，书中难免存在不足，敬请广大专家及读者批评指正。

"飞天梦计划"系列丛书编委会

2021 年 9 月

目 录

第二章　神奇的模拟飞行

第三章　开启征服天空之旅

附录　关于中国飞天梦计划与志愿团

第一章　飞行前需要了解的小知识

第一节　飞机为什么能飞?

1.飞机是如何飞起来的?

很久以前,人类就憧憬能够飞上蓝天,人们曾编织"嫦娥奔月"、"女娲补天"等神话故事来圆自己的飞天梦。到了东周春秋时期,人们发明了风筝(纸鸢)。风筝距今已有两千多年的历史,被称为人类最早的飞行器。

图1-1　关于飞天的传说

风筝有着悠久的历史,起初是军事上用来传递情报的。从唐宋开始,中国的风筝向世界流传。在欧洲工业革命形势的影响下,中国的风筝开始向飞行器发展,经过英国的凯利、澳大利亚的哈格瑞夫和德国的李林达尔等人的改良,到1903年12月17日,美国的莱特兄弟成功制造了人类第一架载人的飞机。

图 1-2　中国的风筝

　　1909 年 9 月 21 日，一名来自中国广东恩平的爱国青年冯如，经历重重坎坷，凭借不懈努力，发明制造了第一架属于中国人自己的飞机，被后人誉为"中国航空之父"。

图 1-3　中国航空之父——冯如

众所周知，鸟儿依靠翅膀飞上蓝天，飞机产生升力依靠的便是机翼。根据伯努利原理，由于机翼上表面的受力面积小于机翼下表面的受力面积，飞机在空中飞行时空气流动速度不同，从而使上表面的空气流动速度大于下表面的空气流动速度，让飞机产生升力。

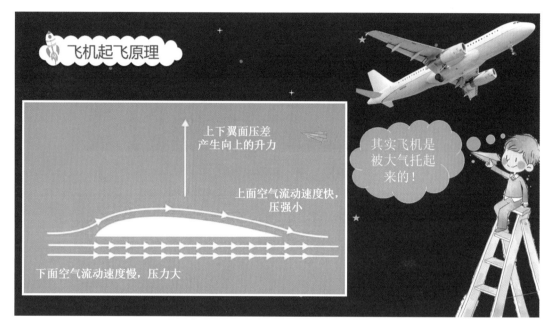

图1-4　飞机起飞原理

鸟儿可以依靠振动翅膀飞行，但是飞机不能振动机翼，那该怎么办呢？这里就要提到飞机的主要动力源——发动机。它是飞机动力的主要来源，俗称"飞机的心脏"，为飞机在地面滑行达到起飞速度提供推力或拉力。

2. 伯努利定理

飞机能够飞起来，运用的最主要的原理就是伯努利定理。

1726年，瑞士的丹尼尔·伯努利提出："在低速流动的流体中，一条流管内气（液）体流速越大，其静压越小；流速越小，其静压越大。"这个定理被后人称为"伯努利定理"。伯努利定理可以用一个简单的实验来验证。我们拿着两张纸，往两张纸中间吹气，会发现纸不但不会向外飘，反而会被一种力挤压在一起。这是因为两张纸中间的空气流动速度快，压力就小，而两张纸外侧的空气流动速度慢，压力就大，所以外侧空气就把两张纸"压"在了一起。

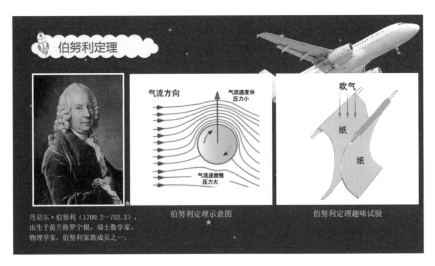

图1-5 伯努利定理

那么，飞机起飞跟伯努利定理有什么关系呢？

飞机的机翼翼型都是经过特殊设计的。在飞机起飞时，机翼周围空气的流线分布上下不对称，机翼上方的流线密，流速大；下方的流线疏，流速小。所以机翼上方的压强小，下方的压强大。这样就产生了机翼向上的升力。

不难想象，大飞机质量大，要想飞上天，所需要的升力自然要比小飞机所需要的升力大。

那么，飞机升力的大小又跟哪些因素有关系呢？

通常，飞机升力的大小跟飞机的机翼面积、空气密度、飞行速度及飞行迎角等有关。

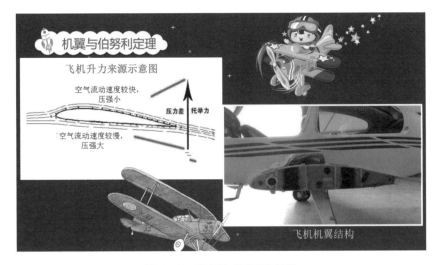

图1-6 机翼与伯努利定理

3. 生活中的伯努利定理现象

（1）列车站台的安全线。大家有没有注意到，在列车站台上都划有黄色安全线。这是由于列车在高速驶来时，靠近列车车厢的空气会被带动而快速运动起来，压强就会减小；站台上的旅客如果离列车过近，旅客身体前后会出现明显的压强差，身体后面较大的压力将会把旅客推向列车而使之受到伤害。

地铁同理，有的地铁还会设有玻璃护栏，这也是为乘客的安全着想。大家以后不论乘坐列车、地铁还是高铁，记住，千万不要跨越那条黄线哦！

图1-7　列车站台的安全线

（2）船吸现象。1912年秋天，"奥林匹克"号轮船正在大海上航行，在它不远处有一艘相对于它来说较小的船正在向前疾驶，两艘船似乎在比赛，彼此靠得比较近，平行着驶向前方。

忽然，正在疾驶中的那艘小船好像被大船吸引似的，一点也不服从舵手的操纵，竟一头向"奥林匹克"号撞去。小船的船头撞在"奥林匹克"号的船舷上，撞出个大洞，酿成重大海难事故。这究竟是怎么回事呢？经研究，原来是"伯努利定理"现象。

我们知道，根据流体力学的"伯努利定理"，流体的压强与它的流速有关，流速越大，压强越小；反之亦然。用这个定理来审视这次事故，就不难找出事故的原因了。

当两艘船平行着向前航行时，在两艘船中间的水比外侧的水流得快，中间的水对两船内侧产生的压强，就比外侧对两船产生的压强要小。于是，在外侧的水的压力作用下，两船渐渐靠近，最终相撞。又由于小船的体积相对于"奥林匹克"号轮船的体积较小，在同样大小的压力的作用下，它向两船中间靠拢时速度要快得多，从而造成了事故。这种现象称为"船吸现象"。

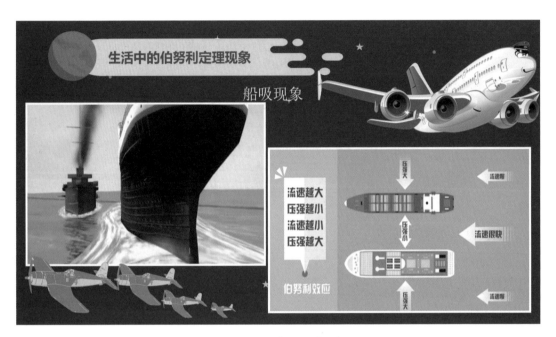

图 1-8　船吸现象

（3）刮风掀翻屋顶或压垮大桥。当刮风时，屋面上的空气流动得很快，而屋面下的空气几乎是不流动的。根据"伯努利定理"，在刮风时，屋面下空气的压强大于屋面上空气的压强。要是风越刮越大，则屋面上下的压力差也越来越大，一旦风速超过一定程度，这个压力差就会掀起屋顶！正如我国唐代著名诗人杜甫《茅屋为秋风所破歌》所说的那样："八月秋高风怒号，卷我屋上三重茅。"

台风吹垮大桥也是"伯努利定理"的作用：台风经过大桥，会从桥面上和桥洞里吹过。由于桥洞相对于桥面比较小，所以风经过的时候，风速比较快，压强较小，而桥面上的风速比较慢，压强较大。这样，就产生了压强差。桥梁如果承受不了这样的压力，就会被压垮塌。

图 1-9　刮风掀翻屋顶或压垮大桥

第二节　什么是领空?

1. 领空的定义

领空，是指一个国家领陆、领水以上的空域，这个空气空间是一个国家领土不可分割的组成部分。国家对其领空具有完全的、排他的主权，对其实行完全的管辖和管制。

图 1-10　领空

1919 年的《巴黎公约》和 1944 年的《芝加哥公约》都确定了"空中主权"原则，即缔约国对其领土之上的空气空间拥有主权。

1979 年中国民用航空总局颁布的《外国民用航空器管理暂行规定》中规定："外国航空器只有根据中国政府签订的航空运输协定或其他有关文件或者通过外交途径向中国申请，在得到接受答复后，才能飞入或者飞出中国国界或在中国境内飞行。"如果擅自进入，就是侵犯中国的领空主权。

2."领空"的高度

第二次世界大战之后，各国都对自己国家的主权分外在意，包括领陆、领海、领空。

有人不禁要问，领空是多高呢？多高才算是太空呢？这个问题到现在也没有一个统一的说法。多数国家认为，领空的范围一般是主权国家领陆和领海垂直向太空 100 千米之内的空间。超过 100 千米的高度，通常就认为是"太空"了。一般认为太空不属于领空。

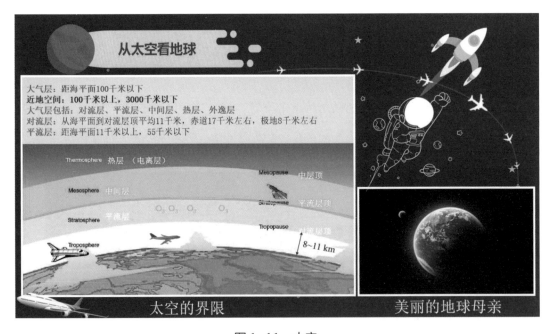

图 1-11　太空

3.我国的领土、领海面积

中国面积辽阔，要是有人问中国的领土面积是多少，想必很多人脱口而出是 960 万平方千米。有相关资料说，中国真正的国土面积是 9 734 230 平方千米，即使不算某些国家与我国有争议的地方，也有 963 万平方千米。所以说，960 万平方千米就是一个约数。

图 1-12　领土

再来说说领海面积。中国周边的海域总面积约为 493 万平方千米，其中中国领海（管辖海域）约 396 万平方千米。领海是沿海国主权管辖下与其海岸或内水相邻的一定宽度的海域，是国家领土的组成部分。领海的上空、海床和底土，均属于沿海国主权管辖。

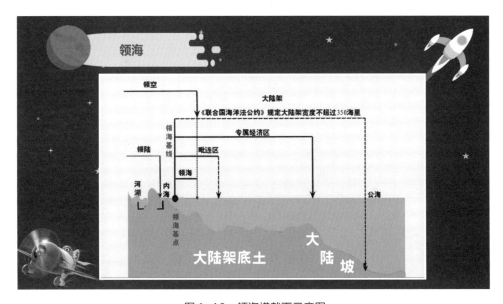

图 1-13　领海横截面示意图

第三节　空中交通管制员是谁？

1. 空中交通管制员

当你驾驶飞机，如何确保与周围飞机保持安全距离并知道自己所飞航路是否正确呢？

飞机在天上飞行，安全尤为重要，因此必须遵守空中交通规则。就像车辆在地面行驶时必须遵守地面交通规则、接受警察和红绿灯的指挥一样，飞机也要接受指挥与调度，这样才能确保飞行安全和航路准确，这就是空中交通管制。

图 1-14　空中交通管制

空中交通管制岗位设置被划分为区域管制、进近管制和塔台管制等。

区域管制是对高空的飞机进行引导和监视，此时飞机的飞行速度较快，管制员通常靠雷达指挥。

进近管制通常是指机场 90 千米半径内、高度 6000 米以下范围内的管制服务，主要是为来自四面八方、正在下降或上升的飞机排好顺序，以便使之有序降落在机场跑道上或者飞向高空。

塔台管制，即飞机在距离机场更近的范围内，塔台管制员可以目视看得到飞机，为了避免飞机之间发生碰撞，需要由塔台管制来指挥。所以，塔台往往都修建得很高，方便管制员俯视整个机场。

空中交通管制员个个都是精英。管制席位拥有着众多现代科技，帮助空中交通管制员完成工作。同时，空中交通管制员要具备良好的空间感知能力，因为他们需要将看到的雷达平面图像在脑海中转换成三维立体图像。

空中交通管制雷达显示航班信息

图1-15 空中交通管制服务

在管制员的世界里，大家都说着一种名为"陆空通话"的专业语言。这种语言源自英语，其中包含了大量的专业术语。即使你的母语是英语，也同样需要花费一些时间接受专门的培训，才能理解、使用这种"陆空通话"。后面我们会详细讲解。

总之，飞机上所有旅客的安全都与空中交通管制员的指令息息相关，他们必须做到零差错、零事故、零错漏。现在你知道做一名空中交通管制员有多不容易了吧！

2. 世界上第一个空中交通管制员

空中交通管制员这么厉害，那世界上第一位空中交通管制员是谁呢？

随着第一次世界大战的结束，航空活动逐步从军用转入民用领域。当时的美国邮政局开办了航空邮件业务，使用飞机在美国东海岸和西海岸间递送邮件。当时的飞机还没有配备任何无线电设备，飞行员都是靠估算来飞行的，所以经常迷航甚至发生机毁人亡的事故。据记载，在第一批的四十名邮政局飞行员中，先后共有 7 人在飞行中牺牲。

为此，美国国会专门出资修建了巨型的导航地标为邮政飞行员领航，这些导航地标成为人工修建的最早的导航设施。不过在夜晚或者能见度不高时，这些导航地标就起不到什么作用了。到了1929年，美国人阿奇·里格发明了一套颜色信号旗用来向飞行员发布指令，在圣路易斯机场指挥飞机的起降。由此，阿奇·里格成为世界上第一位空中交通管制员，这套旗语也成了美国最早的航空通信系统。

图1-16　空中交通管制员

3. 塔台

世界上大部分的机场都是设有塔台的，但通常我们都没有机会进入这个"可远观而不可近瞻"的地方。那塔台到底是干什么用的呢？它长什么样子呢？塔台是一种设置于机场中的航空运输管制设施，用来监看及控制飞机的起降。见过塔台的朋友都会发现它通常非常高。是的，塔台的高度通常要超越机场内其他建筑，以便让空中交通管制员能看清楚飞机的动态。塔台的高度因机场的大小不同而有所差异。临时性的塔台装备还可以由移动拖车或远端无线电来操控。完整的塔台建筑，最高的顶楼通常四面皆为透明的窗户，能保持360°的视野。中等流量的机场塔台可能仅由几名空中交通管制人员负责，并且塔台不一定会每天24小时开放。只有飞机起降量较大的机场，塔台才会有能容纳许多空中交通管制员和其他工作人员的空间，通常也会保持一年365天、每天24小时开放。

图1-17 塔台

塔台里面是什么样子呢？都有什么呢？在塔台内，你通常可以看到以下设备：

①能与飞机内通讯的无线电设备，并连接到空中交通管制员的麦克风、扬声器或收话器；

②可用快速拨号联络的内线及外线电话系统，以便让空中交通管制员能彼此并与外面的人员通话；

③能张贴空中交通管制记录条的公告板；

④测风向和气压的仪表，等等。

图1-18 塔台内部设施

第四节　你了解飞机场吗？

1.浅谈飞机场

现在大家出门去较远的地方出差或旅行时，通常会选择乘坐飞机，既方便又快捷。不过，在享受飞机服务的同时，你是否了解过飞机场呢？

机场，亦称飞机场、空港或是航空站。机场有大小之分。除了跑道之外，机场通常还设有塔台、停机坪、航空客运站、维修厂等设施，并提供机场管制服务、空中交通管制等其他服务。

图1-19　飞机场

机场大体分为军用和民用两大类，当然还有一小部分军民合用机场，如曾经的北京南苑机场。民用机场又可以分为运输机场和通用航空机场。这里主要讲人们熟知的民用机场。

图 1-20　军民合用机场

　　民用机场分为"非禁区"和"禁区"（管辖区）范围。非禁区范围包括停车场、公共交通车站和连外道路等；而禁区范围包括所有飞机活动的地方，包括跑道、滑行道、停机坪和储油库等。大多数的机场都会在非禁区到禁区的中间范围做严格的管控。乘客进入禁区范围前，必须经过候机楼，在那里办理机票手续、接受安全检查、托运行李，然后通过登机口登机。

图 1-21　机场设施

机场还可以划分为飞行区、地面运输区和候机楼区三个部分。飞行区是飞机活动的区域；地面运输区是车辆和旅客活动的区域；候机楼区是旅客登机的区域，是飞行区和地面运输区的结合部位。

2. 机场的定义

国际民航组织将机场定义为：供航空器起飞、降落和地面活动而划定的一块地域或水域，包括域内的各种建筑物和设备装置。它的组成部分包括：跑道、塔台、停机坪、航站楼、飞机滑行道、飞机库等。

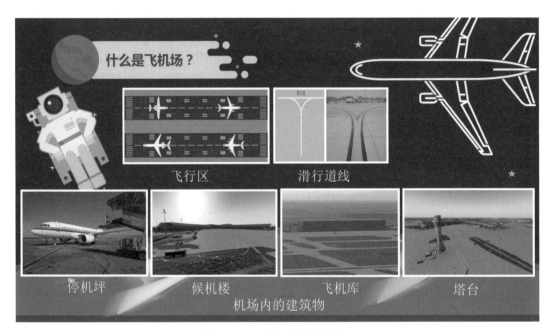

图 1-22　机场内的建筑物

3. 亚洲著名的国际机场

（1）新加坡樟宜机场。这个机场连续六年荣获世界最佳机场称号！该机场以其美丽的建筑、室内瀑布和蝴蝶园而闻名于世。免费的 24 小时电影院和游泳池是樟宜机场的亮点。豪华的水疗中心、露天餐厅和机场周围的免费旅游，给您的旅行增加无尽的乐趣。

图 1-23　新加坡樟宜机场

（2）首尔仁川国际机场。仁川国际机场是世界上最繁忙的机场之一。仁川机场位于一个岛屿上，建有韩国文化博物馆，全天提供文化表演。

图 1-24　首尔仁川国际机场

（3）东京羽田国际机场。羽田国际机场是日本东京的两个主要机场之一，距离日本首都仅几英里。作为世界上最繁忙的机场之一，羽田国际机场的特点是干净、高效。

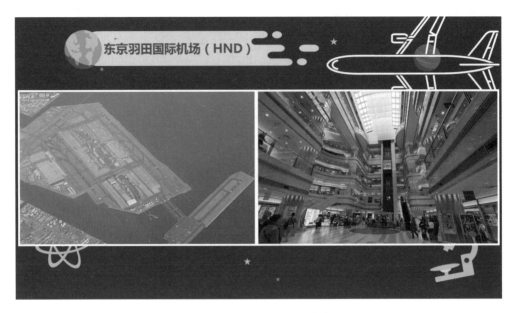

图 1-25　京东羽田国际机场

（4）香港国际机场。机场快线连接城市，仅需 24 分钟即可到达机场。该机场拥有各种美食餐厅和高级休息室，还拥有曾经顶级的豪华酒店——富豪机场酒店。

图 1-26　香港国际机场

（5）迪拜国际机场。迪拜国际机场拥有世界上最大的免税购物中心，为140余家航空公司提供服务。

图1-27　迪拜国际机场

4.通用航空机场

通用航空机场也属于民用机场，但承担了更多其他飞行任务，比如公务出差、空中旅游、气象探测、农林喷洒、消防警巡、空中救援等特殊飞行任务。

那么，通用航空机场与大型民航机场相比有什么不同之处呢？

（1）跑道建设不一样。通用航空机场的跑道导航设施往往比较简单，一般不具备大型民航飞机起降的条件。

图1-28　通用航空机场与大型民用机场的区别：跑道建设的区别

（2）跑道长度不一样。大型民用机场有比较长的跑道，如 3000 米以上；而通用航空机场的跑道相对会短一些，如 800 米。

图 1-29　通用航空机场与大型民用机场的区别：跑道长度的区别

（3）跑道样子不一样。通用航空机场通常跑道的长度、宽度都比较窄，有些甚至没有跑道，依旧采用草地、砂土地等，甚至只有供直升机起降的停机坪；而大型民用机场的跑道通常是水泥跑道，平整、开阔。

图 1-30　通用航空机场与大型民用机场的区别：跑道样子的区别

（4）跑道的位置不一样：大型民用机场通常都是陆上的，也有山区的，但需要削平山头，也有沿海填海造的。但通用航空机场较为灵活，既可以在陆上，也可以在水面。

图1-31　通用航空机场与大型民用机场的区别：跑道位置的区别

（5）停放飞机不一样：执行通用航空飞行任务的飞行器大多是中小型飞机、轻型飞机、直升机等；民用航空机场则是专供大型航空器起飞、降落、滑行、停放及进行其他活动的划定区域。

图1-32　通用航空机场与大型民用机场的区别：停放飞机的区别

（6）用途不一样：民用航空机场主要承担旅客和货物运输；通用航空机场则开展飞行员培训、空中巡查等作业飞行，或者满足其他短途运输需求功能。

图1-33　通用航空机场与大型民用机场的区别：用途的区别

5. 最早的飞机场

最古老的机场是1908年成立的美国亚利桑那州比斯比－道格拉斯国际机场，此机场停放着美国史上第一架飞机。美国前总统罗斯福曾在一封信件中称它为"美国的第一座国际机场"。

最早的飞机起降地点是草地，有些还是圆形草坪。飞机可以在任何角度，顺着有利的风向进行起降，周围会有风向仪及简易机库，这是因为那时的飞机一般由木头和帆布制成，不能风吹日晒。

随着飞机材质从木头及帆布发展到金属等更先进的材料，草坪机场阻力较大的缺点开始显现。为避免草坪增加的阻力，土质机场开始被使用。然而，土质场地并不适合潮湿的气候。一旦遭遇雨、雪等天气，场地就会泥泞不堪，这会对飞机的起降造成重大影响。

随着制造飞机的材料不断发展、运输承担的任务与时俱进，以及飞机的重量不断增加，起降要求也随之提高。使用水泥、混凝土制造的机场跑道后，任何时间，飞机皆可以起降，这增加了飞机起降的安全性。

图 1-34　早期的机场

6. 中国最早的机场

中国最早的机场是军民合用的南苑机场（现已关闭），它始建于清宣统二年（1910 年）八月。该机场位于北京市丰台区，距离市区（南四环）3 千米，距离天安门广场 13 千米，拥有一座年接待 120 万人次的航站楼，跑道长 3 200 米。机场飞行区等级为 4D，它的三字代码是 NAY，四字代码是 ZBNY。北京南苑机场曾经是中国联合航空公司的基地机场。

图 1-35　北京南苑机场

1904 年，也就是清光绪三十年，来自法国的两架小飞机在南苑校阅场上进行了飞行表演，这是飞机首次在中国领土上起降。到了清宣统二年（1910 年），北京市南郊丰台区南苑镇的皇家狩猎场改建为南苑机场，成为清政府筹备航空事业的基地。

1912 年，曾留学法国、比利时学习陆军及机械 7 年，回国后任陆军部参事的秦国镛，向临时大总统袁世凯建议购置飞机，开办航空学校，训练飞行员，以便日后建立空军。袁世凯接受建议，向法国订购了 12 架高德隆教练机，另聘 4 名法国教练，在北京南苑设立航空学校。从此中国有了自己的培养航空人才的基地。南苑机场进入第一个使用高潮。

1945 年日本投降后，美国海军陆战队以协助国民政府接收日占领土为由进驻北平，其中一支装备有轻型侦察机的飞行中队即以南苑机场为基地。

1948 年 12 月 17 日，南苑机场被解放。第二年，新中国的第一支空军飞行中队在南苑机场进行训练，在 1949 年 10 月 1 日的开国大典上的机队就是从南苑机场起飞经过天安门上空接受检阅的。从此南苑机场完全归属空军管理。

图 1-36 早期的南苑机场

前美国国务卿基辛格秘密来访时，他乘坐的飞机就降落在南苑机场。

2019 年 9 月 25 日 23 时许，随着最后一架飞机从北京南苑机场起飞，经过短暂飞行后降落在北京大兴国际机场，中国首座拥有百年历史的南苑机场正式关闭，结束了它的百年服务生涯。

7. 抗日战争时期的南苑机场

1937 年 7 月 28 日凌晨，日军在充分准备后，万余名日军在 40 架飞机、百余辆坦克与装甲车的掩护下攻击南苑。驻守南苑的 29 军全体将士奋勇杀敌，但终因力量悬殊，加之叛徒泄密，5 000 余官兵伤亡，赵登禹和佟麟阁两将军殉国，南苑军事重地失守。

日本侵略军占领南苑后，扩建机场，完善了航空指挥设施，更名为南苑兵营。1945 年日本投降，国民党接收了南苑机场，经过整修改建成美国给蒋介石部队运输军需物资的空军基地，每天有上百架飞机起降，大批军用物资空运来北京，武装国民党军队。

1948 年 12 月 17 日，南苑机场被解放。从此南苑机场完全归属中国人民解放军空军管理。新中国成立后的南苑机场继续发光发热。我国第一支空军飞行中队在此成立、训练并成功完成了开国大典的空中阅兵任务。

8. 空袭警报

以北京为例：通常北京市在每年 9 月 15 日 10：00 开始鸣响防空警报，警示市民居安思危。测试时间一般为 15 分钟，依照防空警报、紧急警报和解除警报的顺序鸣响。一是为悼念在空袭中遇难的人民，二是检验人防设备，三是进行国防教育。有些单位也会在这一天安排防空演习。防空警报试鸣之前通常会通过新闻媒体公布，以免造成社会公众的恐慌。

防空警报意味着什么呢？防空警报表明敌人空袭已临近城市，空袭即将或已经开始，警告人们迅速隐蔽。

（1）预警警报。预先告诉人们敌人即将空袭城市，要求做好防空袭准备。警报发出的时机：当判断敌方可能袭击时发出。规定音响信号：鸣 36 秒，停 24 秒，重复 3 遍为一个周期，时间为 3 分钟。

（2）空袭警报。空袭警报，表明敌空袭兵器已临近城市，空袭即将或已经开始，警告人们迅速隐蔽。空袭警报发出的时机：当发现敌方进行袭击的明显征候时发出。规定音响信号：鸣 6 秒，停 6 秒，重复 15 次为一个周期，时间为 3 分钟。

（3）解除警报。表明该阶段空袭已经结束，空袭警报解除。解除警报时机：当敌方袭击的危险已经消除时发出。规定音响信号：连续长鸣一声，时间为 3 分钟。

图 1-37　现代战争中的空袭

　　1938 年 2 月至 1944 年 12 月，侵华日军对重庆及其周边城市商业区、平民聚居区实施了 6 年零 10 个月的狂轰滥炸，史称"重庆大轰炸"，平均每 4 分钟 1 枚炸弹，使得城区变为人间炼狱。刺耳的警报是每一个重庆人的梦魇。在重庆大轰炸中，共计 16 376 人遇难。时至今日，大轰炸仍然给那场灾难中的幸存者带来了不可逆转的伤害，他们有的失去双腿、有的终身耳鸣，午夜梦里都是可怕的飞机轰炸场景。

图 1-38　重庆大轰炸

第五节　你认识飞机场形形色色的标识吗?

1. 飞机场的标识

随着经济的快速发展,日常出行选用飞机作为交通工具的人越来越多。世界各地的语言文字有很多种,各个国家的风俗习惯也不一样,这给跨国旅行的人带来了不小的障碍。在这种情况下,各种各样在全世界的机场里面通用的标识就派上用场了。

其实,不只是候机楼里有标识,在机场停机坪上、滑行道上、飞机跑道上也都有各种各样的标识,对于职业飞行员来说就更需要认识它们了。

图 1-39　机场内常见的标识牌

2. 候机楼里的标识

它们,虽然不能说话交流,但是时刻向人们传达着丰富的信息。

它们,虽然外表称不上华丽,但是总能在茫茫人海中一眼就能望见。

它们,虽然简单,但能从容指引人们的方向。

它们就是候机楼里面各种各样的标识。

有的人对这些标识并不陌生,但是不常坐飞机的朋友可能还不了解。这些看似简单的标识牌,通常都是经过精心设计的。

首先，标识样式、颜色的选择大多数都是需要与机场整体和谐统一的。既要做到对比鲜明，又要能够快速吸引旅客注意力，同时还不能与候机楼的整体风格违和。

其次，标识牌上的内容（以中国机场为例），中英文双语标识十分清晰明了，图形还可以帮助乘客快速联想到服务设施的功能，综合解决了信息传递、识别、辨别和形象传递等功能。

图 1-40　候机楼内的标识

3. 滑行道上的标识

滑行道标识是用来引导航空器准确滑行的涂刷于滑行道道面上的规定线条和符号。通常滑行道标识是黄色的。

（1）滑行道中线。滑行道中线一般为宽 15~30 厘米的黄色实线。如果在浅色的道面，则滑行道中线为黄色实线加黑色描边。飞机在从停机坪到跑道的过程中应沿着中线滑行。

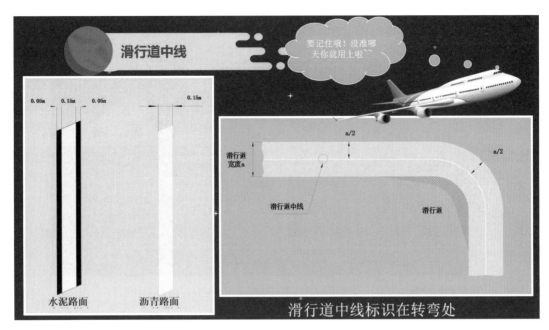

图 1-41　滑行道中线

你是不是很好奇，飞行员是怎么对准滑行道中线的？

其实很简单，如果飞行员在左座，就用右脚压住黄线，如果在右座，就用左脚压住黄线。当你感觉到脚在线上，那么飞机的前轮基本就压在线上。

另外，滑行道中线上还会有灯，灯光的颜色一般是绿色，它有什么作用呢？以北京大兴国际机场为例：它的滑行道上装有"红绿灯"和"导航仪"，也就是高级机场地面活动引导与控制系统，它是国内首套四级运行标准系统。

首先说"红绿灯"。横向的停止排灯的功能与公路上交通信号灯的功能基本一致，绿灯通行，红灯停止。原来的地面滑行依靠的是管制员和机组之间的通话，尤其是在存在冲突隐患的交叉口，有了这套系统，就能够有效地识别出滑行路线上的潜在冲突，"绿灯行，红灯停" 0 清晰简单的标识也更直观。

其次说"导航仪"。当飞机落地后，空中交通管制系统会根据它的停机位规划出最优滑行路线，地面上的绿色引导灯光就会逐一亮起，飞行员跟随机头正前方的灯光指示就可以滑行到停机位。它相当于给地面滑行装上了"导航仪"，对节省地面滑行时间发挥了重要作用。

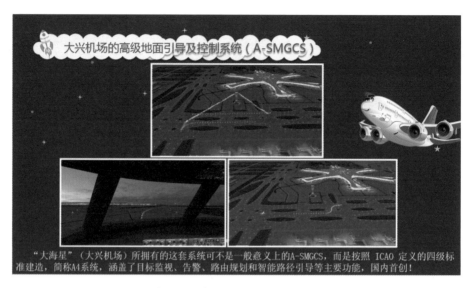

图 1-42　大兴国际机场的高级地面引导及控制系统

　　有了管制员的指令和监控，再加上系统的规划和指引，可以说给飞机的地面滑行上了"双保险"。极端天气时，从驾驶舱中甚至看不到引导车和滑行道标识，但醒目的高级地面引导灯光可以让飞行员找到前进的方向。

　　怎么样？这套满满的黑科技有没有震撼到你呢？

　　（2）增强型滑行道中线。增强型滑行道中线是由中间的黄色实线加两侧的黄色虚线组成的，它们的主要作用是用来警告飞行员前方是跑道等待线。每当看到该标识时，飞行员就会意识到自己的飞机正在接近跑道，并确认自己是否已经得到可以进入跑道的指令。

图 1-43　增强型滑行道中线

由于习惯了开飞机，一些飞行员在开汽车时，会因为职业习惯而喜欢沿着道路中线驾驶。是不是很惊讶？当然，这通常只是他们的潜意识而已，不会影响到他们正常的驾驶判断。

（3）滑行道边线。滑行道边线一般是由两条连续的黄色实线构成，沿滑行道道面边界设置。

滑行道边线勾勒滑行道两侧边缘，防止航空器使用不承重的道面。一旦飞机使用不承重的道面，就会导致飞机受损，所以在非承重表面与承重表面的交界处设置了滑行道边线标识。

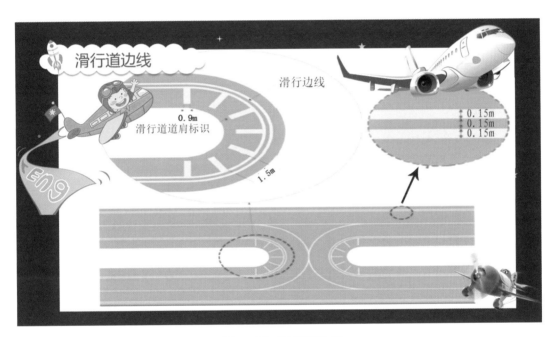

图1-44　滑行道边线

另外，滑行道边线上也是有灯的。滑行道边线灯安装于滑行道两侧的边缘或距边缘不大于3米处。滑行道边线灯的颜色通常为蓝色。

图 1-45　滑行道边线灯

总结一下：

机场都有滑行道，它的边线是边缘。

边缘之线分两种，有实有虚黄色艳。

双色实线区域外，飞机航器不过来。

虚线这边停机坪，两种区域亦相连。

（4）非活动区域边界线。非活动区域边界线由黄色虚线和实线组成。它是用来区分活动区与非活动区的，实线的一方为非活动区域，虚线的一方为活动区域。

图 1-46　非活动区域边界线

（5）机动车道路线。机动车道一般由白色实线和交错的白色线组成，并设有停止线标识。

在航空器活动区内驾驶车辆必须牢记：无论发生任何情况，车辆必须给航空器让路！

通常，当开车的司机看到滑行或拖行中的航空器时，必须在航空器侧面50米外避让，不得在航空器前200米内穿行，不得在航空器后50米内尾随。

当航空器由人工引导入位时，严禁车辆从指挥人员与航空器之间穿越。车辆在穿越滑行道时，在道路等待位置标识处，必须在标识前停车观察，确定安全后方可通过。如果车不避让飞机的话，会产生严重后果！

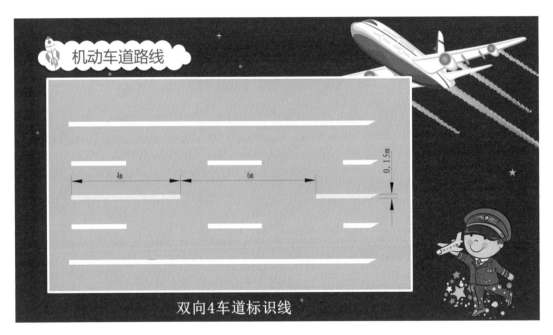

图1-47　机动车道路线

（6）滑行道道肩标识。如果大家坐飞机时注意观察的话，会发现机场滑行道道肩标识。那么这个标识是干什么的呢？简单来说，就是标明飞机在滑行时不能进入的区域。该标识为黄色线段，通常设置在滑行道边线外。

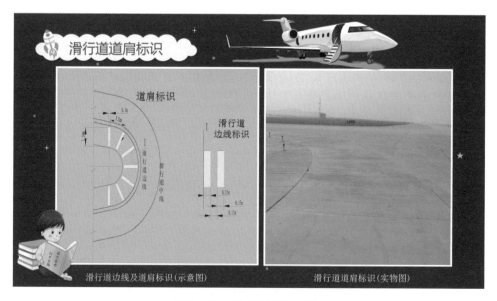

图 1-48　滑行道道肩标识

（7）滑行道地面方向指示标识。相信会开车的朋友开车时常在道路上会看到往哪儿走的指示。同理，机场的滑行道地面方向指示标识就是给飞行员做出提示，防止飞行员迷路或转错方向。

这个标识是由黄色底、黑色字组成的，并且还带有指向箭头。它连接着滑行道中线，在中线右边则指向右边，在中线左边则指向左边。

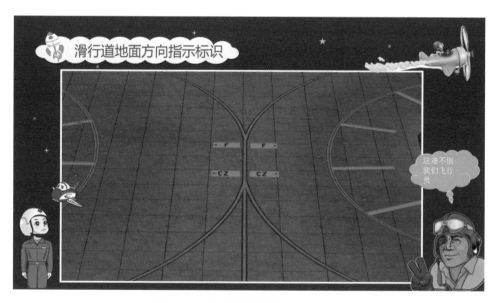

图 1-49　滑行道地面方向指示标识

4. 停机坪上的标识

通常，我们从候机楼登机时，飞机都是停在停机坪上的。停机坪大多是指航站楼旁停放飞机的区域。那么，你在登机时有没有注意到停机坪上的标识呢？

停机坪上的标识一般包括飞机引入机位标识、机位线标识、飞机滑行引导标识、围界警示牌等。

（1）飞机引入机位标识。飞机引入机位标识主要用于引导飞机拐弯滑行至停机位。

飞机降落到地面，速度减小后依靠的是飞机发动机的推力或靠牵引车的拉力。大部分的机场在飞机降落后，塔台的交通管制员会将引导工作移交给地面交通管制员，并由后者指挥飞行员滑行。飞行员需要控制飞机的前轮精准地保持方向，沿中线滑到停机位，并在地面交通管制员或灯光的指示下，将飞机的前轮最终严格压在停止线上。

图1-50　飞机引入机位标识

为什么需要如此严格呢？因为一旦滑过或是没滑到位，廊桥就会对不上。另外，沿中线滑行时不能偏左或偏右。如果偏离，飞机很有可能就会与邻近的飞机发生剐蹭。

（2）机位线标识。所有的飞机必须严格按照机位线标识的指示停靠，以防与左右两侧飞机发生剐蹭。

机位线通常是我们飞机前起落架压线的位置哦，每个机型都对应不同的压线位置

图 1-51 机位线标识

关于滑入停机位的安全规定：

航空器进入停机位的过程中，操纵航空器的飞行员应严格依照地面滑行线、接机人员（或灯光指示系统）的引导，并确保与周围障碍物有足够的安全间隔；

负责监控的飞行员应时刻关注是否有影响航空器停靠的障碍物，且与周围障碍物有足够的安全间隔，确保无任何车辆或人员从航空器和灯光指示系统之间穿行；

飞机在整个进位过程中，如发生任何异常，应立即停止滑入并联系相关部门及时处置，待问题解决后方可继续正常滑行进入停机位；

飞行员应严格按照管制员的指令滑行，如有疑问，须立即停止滑行，交叉检查航图并再次向管制员核实指令，切忌盲目蛮干；

在外界光源不足以帮助飞行员辨识飞机的机翼翼尖与障碍物之间的距离时，建议按需使用机体外部的灯光设备作参考。

（3）飞机滑行引导标识。飞机滑行引导标识是飞机滑行的引导线，飞行员需要把飞机前轮压在线上滑行。现代民航客机的设计通常为前三点式设计，所以滑行的时候会很稳。有些大型飞机的前轮位于驾驶舱飞行员座位下方的后侧，因此飞行员转弯的时候有个窍门：前轮滑过转弯线一点然后再进行转向，前轮就会与引导线对得很正。

对于大型飞机而言，在驾驶舱里，飞行员手边通常都有手轮。在地面滑行时，飞机的大角度转向都依靠手轮；小于 6° 的转弯角度可以依靠脚舵。脚舵就是飞行员的脚踏板，负责前轮小角度转向。

图 1-52　飞机滑行引导标识

（4）围界警示牌。在临近道路的飞行区或其他特定的区域，通常会悬挂围界警示牌。围界警示牌一般间隔 200 米设置，围界内是不能随意闯入的。

图 1-53　围界警示标牌

2012 年，郑州机场公安局护卫大队在工作时发现，在机场塔台南边的围界处有三名青年正在攀越机场围界进入机场控制区。护卫大队巡逻人员立即赶到现场，将刚刚翻越护栏进入隔离区的三名青年控制，随后移交到机场公安局处理。经查证，这三名青年在机场附近建筑工地打工，趁休息到机场外看飞机，嫌距离远看得不过瘾，想近距离观看飞机。三名青年一拍即合，先后攀越机场钢丝隔离栅栏，进入机场控制区，没想到刚翻过围栏就被机场公安逮个正着。机场公安局根据国家有关规定对三名青年分别给予行政拘留五日的处罚。

因此提醒大家，千万不要做出这种"出格"的事！擅自进入飞行区不仅会对飞行器带来极大的安全隐患，而且也是极其危险的行为！

5. 飞机跑道的编号

（1）飞机跑道的划分。民航机场按照接待飞机的能力对飞机跑道做了区分，由一个数字和一个字母组成，数字只有 1、2、3、4，字母从 A 到 E。数字表示跑道的长度，数字越大代表跑道越长，可以起降更大的飞机。字母越靠后，机场跑道的宽度就越宽。我国的主要国际机场大多都是 4E 级。这类机场的跑道长度在 3 000 米以上，宽度为 45—60 米。中小城市的机场有些是 3C 级，跑道长度在 1500 米以上，宽度通常在 30 米以上。

图 1-54　飞机跑道

（2）飞机跑道的编号。如果在乘坐飞机的时候留意观察，你会发现在机场跑道的尽头会有一组数字，比如跑道上有一个大大的数字"18"，大家有没有想过这"18"有什么含义？

这组数字就是跑道的编号。每个机场都有一条或者多条飞机跑道。为了使飞行员能准确地辨认跑道，每一条跑道都要有一个编号，它就相当于跑道的名字一样。跑道号其实就是跑道的方向。所谓方向，就是飞行员驾驶飞机起飞或降落时前进的方向。

为精确起见，采用 360° 的方位予以表示。以正北方位为 0°，顺时针旋转到正东方位为 90°、正南方位为 180°、正西方位为 270°，再回到正北方位为 360° 或 0°，每条跑道就以它所朝向的度数作为其编号。

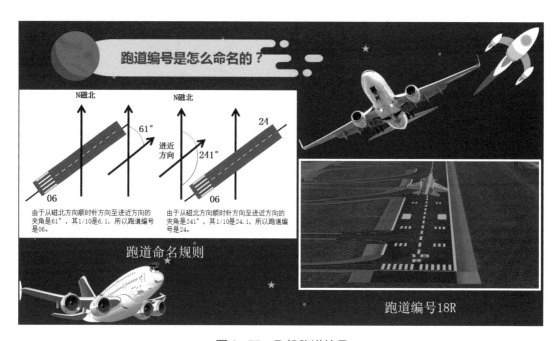

图 1-55　飞机跑道编号

为了简明易记，跑道编号只用方向度数的百位数和十位数，个位数按四舍五入进位到十位数。例如一条指向为西北 284° 的跑道，它的编号就是 28，如果是 285°，编号就是 29。同一条跑道，因为有两个朝向，所以就有两个编号。

我们根据数学里角度的概念可以知道，跑道两端的航向相差是 180°，即跑道号相差 18。例如：跑道一头的编号是 16，那么跑道另一头编号就是 34。跑道号都是两位数，如果第一位没有数就用 0 来表示。

（3）跑道标识中的字母"L"、"C"、"R"。很多机场有多条平行跑道，平行跑道所面对的方向是一样的，那么它们同一端的数字就应该是一样的。为了方便区分，我们用左右来表示，即在跑道编号后面加上"L"（左）或"R"（右）。

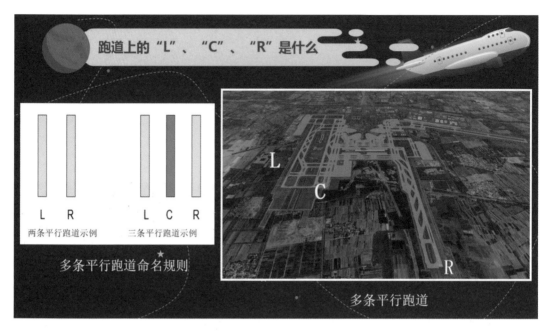

图1-56　跑道标识中的字母"L"、"C"、"R"

比如在图1-56中，有两条平行的跑道，我们就可以用"34L"和"34R"来表示，而另一端所对应的就是"16R"和"16L"了。如果再有第三条平行跑道的话，我们用字母"C"（中间）来表示中间的那条跑道。

大型机场通常有多条跑道，这些跑道都有相应的跑道编号。例如，北京首都国际机场的三条跑道编号为"18R /36L"、"18L /36R"、"19/01"，上海浦东机场的四条跑道编号为"17R /35L"、"17L/35R"、"16R/34L""16L /34R"。

6. 跑道上的常见标识

跑道上常见的标识线都是白色的，包括跑道入口标识、跑道号码、跑道中线、跑道边线、接地带、瞄准点等。

（1）跑道入口标识。跑道端口最前面的白色"斑马线"就是跑道入口标识，虽然它长得非常像斑马线，但是它可不是人行横道。

图1-57　跑道入口标识

（2）跑道号码。跑道入口标识前面的数字就是跑道号码，也就是跑道编号；跑道号码标记牌上有醒目的跑道号码，目的是提醒飞行员不要进错跑道。

图1-58　跑道号码

图 1-59　跑道号码标识牌

（3）跑道中线标识。在跑道两端的跑道号码之间设置，由均匀隔开的线段和间隙组成。

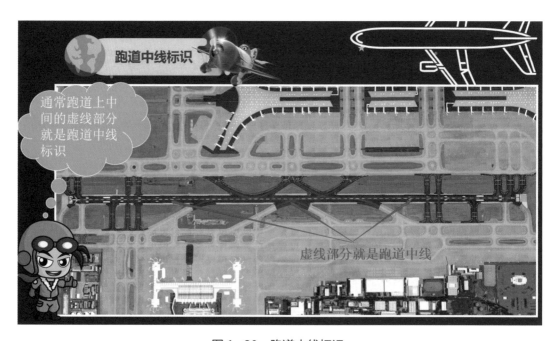

图 1-60　跑道中线标识

（4）跑道边线标识。在跑道两侧设置的白色连续的跑道边线。

图 1-61　跑道边线标识

（5）接地带标识。接地带由多组对称地设置在跑道中线两侧的长方形标识块组成，飞机降落时应该在接地带区域内落地。

（6）瞄准点标识。瞄准点通常由两条明显的白色条块组成，对称地设置在跑道中线的两侧，用于飞机瞄准落地。飞行员通常称它为"大白点"。

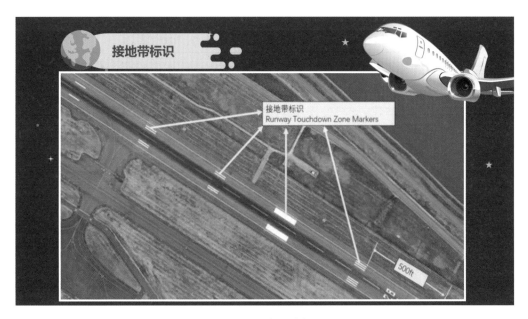

图 1-62　瞄准点标识

（7）跑道入口内移标识。因为某种情况（如施工等），跑道入口需要内移，那么就需要设置跑道入口内移标识，用于给飞行员警示这段跑道不可用。

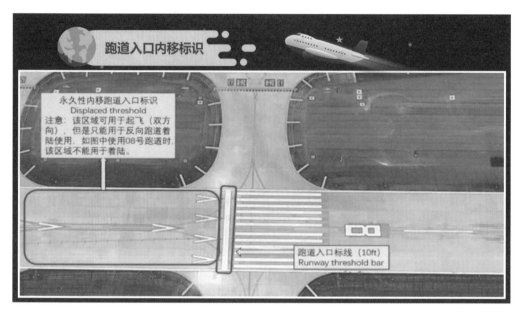

图1-63　跑道入口内移标识

（8）跑道等待位置标识牌。在跑道等待位置处须设置跑道等待位置标识。飞行员在没得到管制员发出的进跑道指令之前，需在此位置停下飞机并等待进跑道指令。

图1-64　跑道等待位置标识牌

最靠近跑道的等待位置标识如图 1-65 所示。

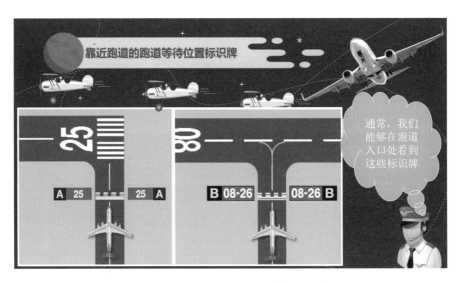

图 1-65　最靠近跑道的跑道等待位置标识

（9）交叉跑道等待位置标识牌。如图 1-66 所示，当你在 A 滑行道上，正在接近 05-23 号跑道和 09-27 号跑道的交叉处。5 号跑道的入口在左侧，23 号跑道在右侧，09 号跑道的入口在左前位置，27 号跑道的入口在你的右后位置。

如果收到管制员的指令，在此等待直到接收到穿越许可后才可以穿越。滑行过此标识牌可能会干扰跑道上的运行。该标识牌位于滑行道道面上喷涂的黄色等待位置标识旁边。

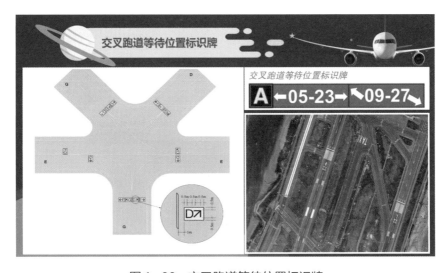

图 1-66　交叉跑道等待位置标识牌

7. 形形色色的机场跑道灯光

机场跑道一到夜晚，就会亮起五彩斑斓的灯光，非常壮观。这些灯光都是做什么的呢？

（1）进近中线灯。在跑道外，于中心线的延长线 900 米处开始设置 5 个一排的可变白色强光灯，每隔 30 米设一排，一直延伸到跑道入口处。目的为了引导飞行员将飞机飞进跑道。

图 1-67　进近中线灯

进近中线灯有立式的，还有嵌式的。

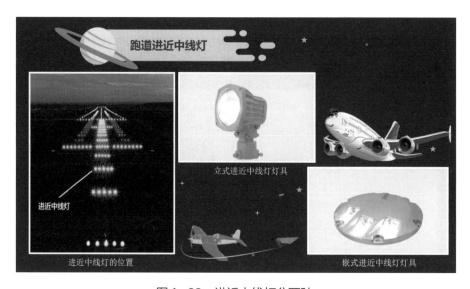

图 1-68　进近中线灯分两种

进近中线灯 5 个灯中央的一个灯正好位于跑道中线的延长线上，从中心线的延长线 900 米处至 300 米处，它们组成一排有序的闪灯线，每秒钟闪动 2 次。从飞机上向下看，这组灯光由远处频闪过来，直指跑道端。由于它看起来像一团白色毛球飞快地向跑道入口奔跑，因此有人戏称它为"兔子灯"。

（2）跑道入口灯。"红灯停，绿灯行"，跑道灯光遵守这个全世界通用的规则。绿灯就是跑道的入口灯，它告诉飞行员，从这里开始都是跑道了，跑道的末端不用说，肯定是红色灯，可谓红绿双保险。绿灯后面还有在跑道中线两侧温馨提示的跑道接地带灯（白色灯），为机长标出了接地的最佳地点。

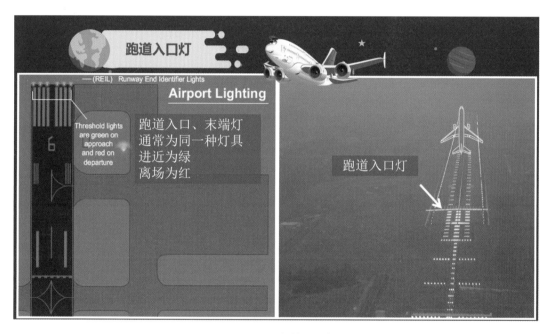

图 1-69　跑道入口灯

（3）跑道边线灯。跑道边线灯通常沿跑道全长安装于跑道边缘，灯光的颜色通常为白色或黄色。这些灯用来指示跑道两侧的边界。

图1-70 跑道边线灯

在滑行起飞时，飞行员要特别注意跑道边线灯。

2013年，一架满载200多人的客机从奥克兰机场起飞时，轮胎与跑道边线灯发生碰撞，导致轮胎受损。调查人员发现，共有7个跑道边线灯被撞毁，碎片散落在跑道上，这一区域不得不关闭20分钟以清除碎片并替换被撞毁的边线灯。

（4）跑道中线灯。跑道中线灯用于标明跑道中线位置，通常沿跑道中线设置，但实际安装时往往偏向跑道中线同一侧一点的距离，以防止飞行员在操纵飞机对准中线高速滑跑时压在灯上。

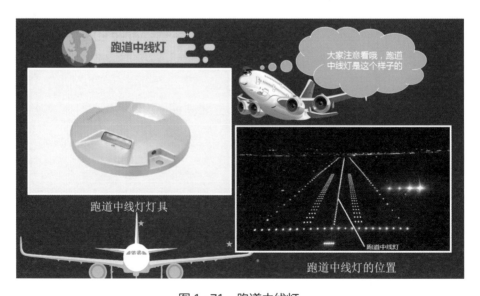

图1-71 跑道中线灯

这些灯一般以 5 米、7 米、15 米或 30 米的纵向间隔均匀排列，从跑道入口至末端标出跑道中线。从跑道入口到离跑道末端 900 米处，是可变白色的固定灯；由距跑道末端900 米处到离跑道末端 300 米处，是红色与可变白色相间的灯；由离跑道末端 300 米处直到跑道末端为红色的灯。

（5）跑道接地带灯。比较先进的跑道会有接地带灯，用于提醒飞行员接地区的范围。

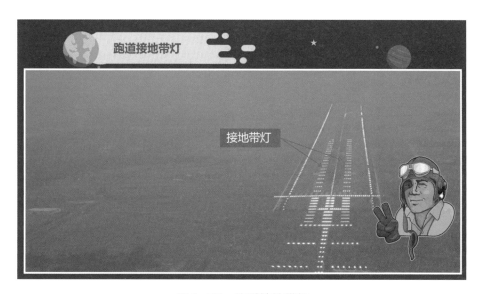

图 1-72　跑道接地带灯

（6）跑道末端灯。跑道末端灯设置在靠近跑道末端的直线上，用于提醒飞行员跑道即将到尽头。

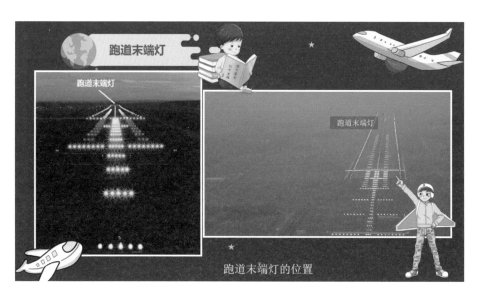

图 1-73　跑道末端灯

跑道末端灯分立式和嵌式两种。

图1-74　立式跑道末端灯

图1-75　嵌式跑道末端灯

你知道跑道末端灯为什么是红色的吗？

因为红色在光谱里是能传播最远的波段，很远就可以看见，它的穿透力很强，在雾天、雨天也能传得很远，所以对于安全来说是很重要的。另外，因为红色是警示色，所以从心理学角度上讲，也会对飞行员产生警示作用。

（7）航空障碍灯。 航空障碍灯是一种用于警示的灯，顶部高出地面45米以上的高层建筑通常必须设置航空障碍灯。航空障碍灯的作用就是显示出建筑物的轮廓，使飞行员能判断障碍物的高度，起到警示作用。

图1-76　航空障碍灯

一般情况下，离地面高45米以下，周围较空旷的地方应设置低光航空障碍灯，常亮红色发光；离地面45~105米的建筑物及其设施，使用红色闪光灯，闪光频率应在每分钟20~60次之间；离地面105~150米的建筑物及其设施，应使用白色闪光灯；离地面150米以上的建筑物及其设施，应使用高光强障碍标识灯并必须为白色闪光灯，闪光频率应在每分钟20-70次之间，有效光强随背景亮度而定，全天候24小时运行。

（8）机场识别灯。鸟儿归巢先找窝，飞机落地前飞行员先需准确判明机场所在位置。

机场灯标又称"机场灯塔"，是指用在夜间从空中辨明机场位置的航空灯标。机场灯标须显示有色与白色交替闪光，或白色闪光，总的闪光频率通常为每分钟12~30次。

图1-77　机场识别灯

陆地机场的灯标为绿色，水上机场的灯标为黄色。机场灯标必须设在机场内或机场邻近之处，且从各个方向都可观察到。

机场灯标在结构上不同于一般户外灯具。例如，立式灯具不仅要经受飞机尾流的巨大吹力，还要在被飞机撞到时能立即倾倒；平地式灯具要能承受飞机巨大重量的压力。

（9）机场灯塔。机场灯塔是为了能让飞行员从远处尽早看到机场，而安装的一种亮度很强的闪烁发光设备。

图1-78　机场灯塔

机场灯塔的灯光颜色组合可用以表示机场类型：

闪烁的白色和绿色灯光表示陆地民用机场；

闪烁的白色和黄色灯光表示水上机场；

闪烁的白色、黄色和绿色灯光表示直升机机场；

两个快速的白色闪烁，接着一个绿色闪烁，表示这是一个军用机场。

（10）快速出口滑行道指示灯。这种灯为单向黄色恒定发光灯，设置在跑道中线，连接了快速出口滑行道一侧的跑道，用于为飞行员指示出跑道上最近的快速出口，以便其在能见度低的条件下更好地了解飞机当前所在的位置，及时合理地使用刹车，准确安全地滑行出跑道。

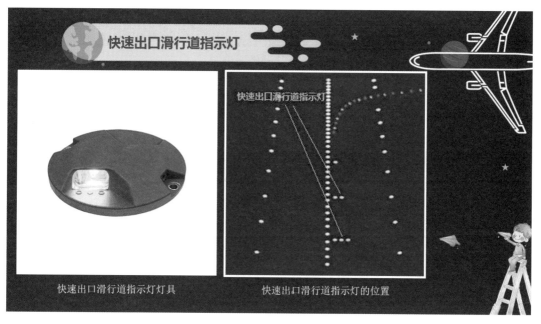

图 1-79　快速出口滑行道指示灯

（11）跑道调头坪灯。当跑道尽头没有可以脱离跑道的滑行道时，应设置飞机掉头坪，以便飞机进行 180° 转弯。

掉头坪一般设置在跑道的尽头，对于较长的跑道可在中间适当位置增设掉头坪，以减少飞机滑行距离。而且有一点需要注意，虽然它设置在跑道道面上，但是它是滑行道标识，因此它是黄色的。

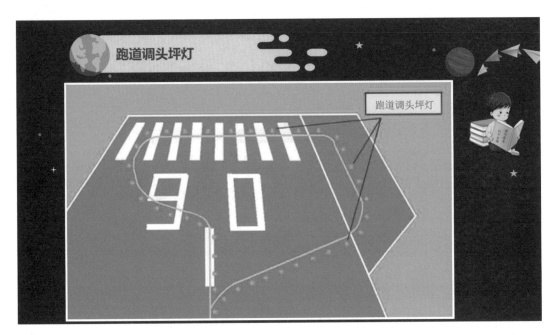

图 1-80　跑道调头坪灯

让我们来看看飞机是怎么调头的吧！

图 1-81　飞机调头

之前说过，在大型飞机的驾驶舱内，有一个叫做"手轮"的装置，可以用控制飞机的前轮，让飞机做出大角度转弯和调头的动作。此外，在180°调头过程中还有一些事项是飞行员必须关注的：需要使用均匀的速率将手轮打到底。在湿滑跑道调头时，前轮如果出现明显的侧滑，可以适当增大转弯半径。但应考虑发动机距跑道边线的距离，以防出现滑出跑道边线的危险。

（12）滑行道中线灯。滑行道中线灯设置在滑行道中线标识上。滑行道中线灯是发绿光的恒定发光灯，由于安装角度的特殊，其光束只有从滑行道上或其附近的飞机上才能看得见。

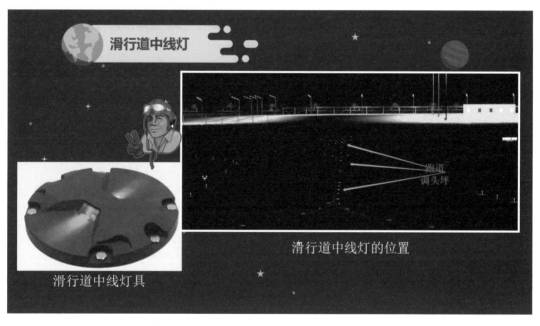

图1-82　滑行道中线灯

（13）滑行道边灯。坐飞机的旅客会常看到滑行道边线灯。滑行道边线灯的颜色为蓝色。它能明显地把弯道位置显示出来，从而提醒飞行员注意不要将飞机滑行到跑道的边缘以外。

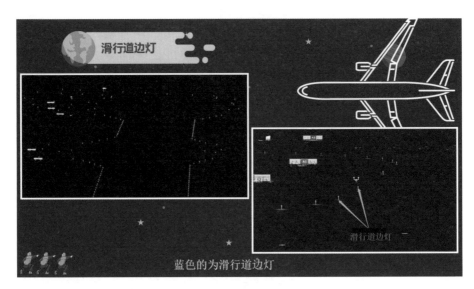

图1-83　滑行道边灯

（14）下滑道指示灯（目视进近坡度指示器）。下滑道指示灯是一排向前方照射的强光灯。在每排灯前放置一块红白色的滤光玻璃，在灯的前方不远处有一块挡板，挡板上有可调整的窄缝。当灯光穿过窄缝时，它就沿着飞机下降的坡度照射。

简单来说，飞行员可以从即将落地的飞机上看到这组灯光，若飞行员看到的全是白光，表明飞机飞得过高；若飞行员看到的全是红光，说明飞机飞得过低；只有当飞行员看到的是一组红光加一组白光时，此时飞机的高度才是合适的。

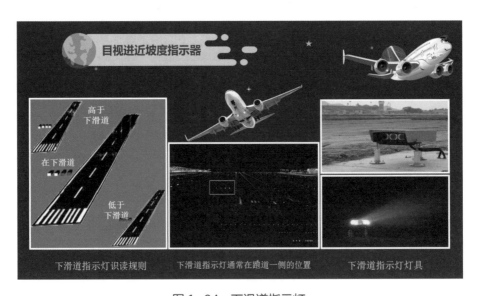

图1-84　下滑道指示灯

8. 所有机场都有跑道灯吗？

夜晚的机场是具有风光的，明亮的航站楼犹如灯塔守候着来往的旅客，长长的跑道和无数的灯光在夜色中串起指引的路。那么，你有没有想过这个问题：所有的机场都有跑道灯吗？

答案是不一定。很多简单的通用机场并没有跑道灯光系统。因此，这些机场在天黑以后就不能再有飞机起飞降落。由此可以看出，大型民用航空运输机场和通用航空机场还是有明显区别的。

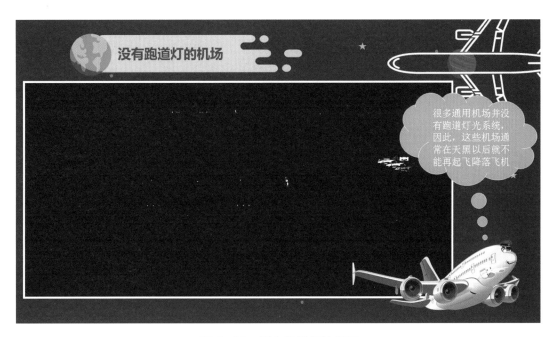

图 1-85 没有跑道灯的机场

☀ 第二章　神奇的模拟飞行

第一节　飞行模拟机

飞行员都知道"离地三尺，人命关天"，且一架大型飞机的价值动辄上亿美元。因此，让每位新手飞行员一开始就用真实的飞机去练习和训练是既危险又不科学的。

直到飞行模拟机发明出来后，飞行员训练的飞行事故率和培养成本才大大降低。现如今，每一个职业飞行员在羽翼丰满之前，都需经历一个必要的过程，那就是模拟飞行。

图 2-1　现代飞行模拟机

飞行模拟机是具有高科技含量的，它与游戏机有着本质区别。其最大的作用就是，不用让飞行员实际飞上天，就可以进行飞行训练。飞行模拟机不仅能用来调试和测试飞机性能，还能用来训练飞行员的飞行技术。

现如今，模拟飞行已经是国家体育总局正式开展的体育项目之一。作为一项新兴的以航空知识和飞行技艺为核心的竞技项目，模拟飞行在中国乃至世界已拥有越来越广泛的活动人群。它不仅为国家训练专业飞行员，同时也引导广大青少年投身航空事业，为国家培养并储备更多的航空人才。

（1）模拟机的发展史。在航空界流行这么一句话："飞行员是用跟他们体重相等的黄金堆出来的。"此话是用来形容培养专业飞行员耗资不菲。飞行员驾驶飞机一旦脱离地面的支撑飞上云端，他们就要面对各种已知或未知的挑战。因此，飞行员需要一个既经济又安全的成长"摇篮"——飞行模拟机。它与飞机几乎同时诞生，尽管从不离地，却培养了一代又一代的蓝天骄子。

1910 年前后，英国和意大利开始出现固定在地面上的简易飞行训练器。其中一种被称为"桑德斯教师"，它通过万向支架安装在地面基座上。当有风吹来时，机身随之转动，机上人员操纵升降舵和方向舵等活动部件，就可以获得与真实飞行中相似的气动反应。

图 2-2　早期飞行模拟机

1929 年，爱德文·林克发明了更先进的飞行模拟机。现代模拟飞行的训练设备都是在"林克式地面模拟飞行教练机"的基础上产生的。

图2-3 林克式地面模拟飞行教练机

随着科技的发展，现代飞行模拟机已经非常先进。从用途来说，可分为两大类：一类用于工程研究，比如新型飞行器的研究、试验和已有飞行器的改进；另一类用于飞行训练。

飞行模拟机可以让飞行员和飞行爱好者在地面就可以模拟操纵飞机，并能体验到飞机在空中飞行的所有感觉。每一名航空公司的职业飞行员，在驾驶真实的大飞机之前都需要在全动飞行模拟机上进行训练。

（2）东北老航校。 1946年3月1日，中国人民解放军第一所航空学校——东北民主联军航空学校（东北老航校）——在吉林省通化市成立，该校先后辗转移至牡丹江、东安（现黑龙江密山）、长春等地。东北老航校是我国空军最早的飞行员培训基地，我国空军就是从这里起步飞上蓝天的。

图2-4 早期的东北老航校

东北老航校在成立初期环境艰苦，飞行员没有飞行模拟机，大家就自己在纸板上画出仪表盘，练习飞行程序。油灯下，战士们在火炉旁学习航空知识，简陋的泥草房，挡不住东北的严寒，战士们戴的狗皮帽子上，已经结满了霜。在短短的三年零九个月里，东北老航校培养出了一百多名飞行员和四百多名各类航空技术人员，打造了"地面苦练，空中精飞"的中国飞行员精神，为人民空军和新中国航空事业的发展建立了不朽的功绩，成为中国航空事业发展史上的一座丰碑。

第二节　飞行模拟机的分类

如果你认为飞行模拟机是"游戏机"，那就大错特错了！

出于对安全和经济等方面的考虑，自飞机问世不久，人们就开始研制和使用在地面练习飞行的飞行模拟器。飞行模拟机是一种自动化程度很高的模拟设备，可以为飞行员提供专业训练。

飞行模拟机的种类很多，总体上可以分为试验用飞行模拟机和训练用飞行模拟机两大类。

试验用飞行模拟机用于工程研究，如新型飞行器的研发、试验，以及已有飞行器的改进等。试验用飞行模拟机又可以分为地面工程飞行模拟机和空中飞行模拟机。

训练用的飞行模拟机是用来训练飞行员的，便于飞行员熟练掌握飞行驾驶技术及其他有关技术。

图 2-5　训练用飞行模拟机

另外，从科技含量上区分，模拟机可分为：初级、中级、高级。初级飞行模拟机相对比较简单，主要用于业余飞行爱好者体验飞行。操纵设备可以用模拟飞行摇杆代替。

图2-6　初级飞行模拟机

中级飞行模拟机的软硬件都很专业，只是差了个运动平台，总之不会动。

图2-7　中级飞行模拟机

高级飞行模拟机往往有两层楼高，是按照真实飞机1:1的比例制造的仿真驾驶舱。通常里面安装有各类真实的飞机仪表、六轴自由度电动运动平台，可模拟真实的驾驶舱环境。此外，根据飞行训练的需要，还能模拟风雨雷电、雾雪冰雹等恶劣天气。

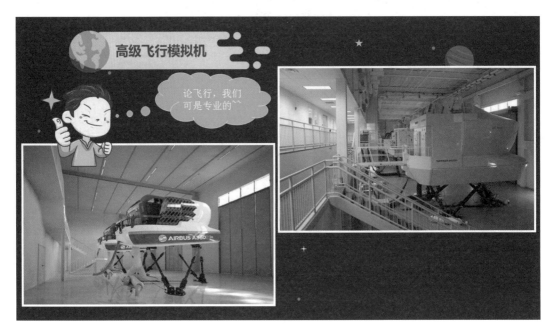

图 2-8　高级飞行模拟机

第一节　民航飞行员在飞航班前需要做的准备

在现实生活中，很少有人知道一个机长真实的工作是怎样的。那么，你知道在执行一个航班任务前，民航飞行员都要做哪些工作吗？

图 3-1　飞行之前

起飞前 2 小时到起飞前 1 小时，在确定飞行计划后，航空公司会签发飞行放行许可单，机长通常要召集全体机组成员开飞行准备会，各部门工作成员会向机长汇报准备情况，机长会向各部门布置通报具体工作。

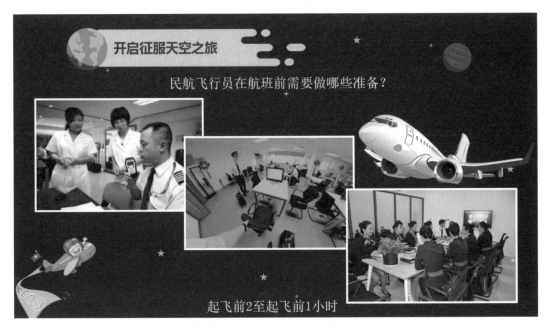

图 3-2　起飞前 2 小时到起飞前 1 小时

起飞前 1 小时到起飞前 45 分钟，机场地勤人员通常已做好航前准备，加油、加清水、排污水、配餐、补充机上用品等，货物在装载时要保证飞机重心平衡，在确认货物固定稳妥后关闭货舱门。

图 3-3　起飞前 1 小时至起飞前 45 分钟

起飞前 45 分钟左右，机组人员开始登机，飞行员开始绕机一圈进行绕机检查，机务维修人员向机长汇报飞机检修情况。在机务维修方面放行飞机有严格的标准，个别系统的故障并不影响飞机飞行，机长有最终起飞决定权。

图 3-4　起飞前 45 分钟

起飞前 30 分钟，地面工作人员通常会将乘客名单提交给乘务长，乘务长安排空乘人员负责乘客登机的接待工作。

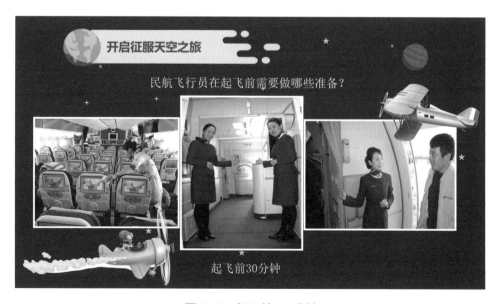

图 3-5　起飞前 30 分钟

起飞前 10 分钟，乘务员清点登机乘客人数，确认登机人数与乘客名单一致后关闭客舱门。

图 3-6　起飞前 10 分钟

第二节　飞行员登机后需要做的工作

飞行员上机后需要做的工作

飞行员会按照航班时刻提前 1 小时来到飞机上。进舱后，所有机组人员会按照机长的要求和分工，各自按照标准操作程序进行起飞前的准备。

图 3-7　驾驶舱内的飞行员

通常每一航班都有"操纵飞机的飞行员（Pilot Flying, PF）"及"监控飞机的飞行员（Pilot Monitoring, PM; 也叫 Pilot Not Flying, PNF）"。在驾驶舱准备时，前者主要负责将航班信息输入飞机的计算机系统，后者主要负责联系地面工作人员加注所需航油，并进行飞机外部巡视检查。机外巡视主要是确保飞机外表面所有部件均正常。在旅客登机且货物装载结束后，机舱门关闭。一段美好的旅途即将开启，这时候飞行员的工作进入更繁忙的阶段了。

第三节　起飞前的陆空通话

在飞机起飞前，飞行员和空中交通管制员之间的陆空通话是怎样的呢？

飞行员和空中交通管制员的对话主要是通过无线电来交流，就像对讲机一样。当飞行员需要和管制员说话时就摁下发话按钮，一旦松开后就不会再传出声音。在耳机中，除了能听到自己和塔台的通话以外，飞行员还可以听到塔台与其他航班的飞行员的通话。

图 3-8　驾驶舱里对话的飞行员

我们来举例说明起飞前飞行员和管制员的对话。

飞行员："北京塔台，航普中心 101，停机位 108，请求推出开车，通播 B 已收到，修正海压 0832。"

塔台："航普中心 101，北京塔台，同意推出开车。"

飞行员："北京塔台，可以推出开车，航普中心 101。"

在无线电陆空通话中，飞行员在收到空中交通管制员的所有指令后，都需要完整地复诵一遍，以防止听错。

第四节　机长和副驾驶在驾驶舱里的交流

民航飞机上都有机长和副驾驶，在飞行中每一个阶段都是通过机长和副驾驶的相互配合来完成的。那么你知道他们之间在驾驶舱交流有什么特别之处吗？

在执行飞行任务时，通常机长会按照标准操作程序下达口令，副驾驶完成动作，然后机长会监控副驾驶完成动作的情况。

每个人都难免会犯错误，因此飞行员之间的相互监督和提醒是很有必要的。在驾驶舱里，机长对飞机的安全有最后决定权，但对机长及时正确的提醒也是副驾驶的非常重要的职责之一。在飞行中，副驾驶需要全程监控飞机的状态，因此副驾驶对飞行的安全作用不言而喻。

图 3-9　驾驶舱里执行程序的飞行员

在飞行过程中，飞行员不仅是单纯地操纵和监控飞机，他们还需要做填写飞行记录、记录领航计划等非常多的工作。在做这些工作时，机长与副驾驶之间都是有沟通的。当然，副驾驶承担了更多琐碎的工作，从而使机长有更充沛的精力保证飞行安全。所以机长们常会说"要善待副驾驶"，这并不是开玩笑，更多的是机长对副驾驶真心的爱护和感谢。

飞行员之间在执行飞行程序时都要进行标准喊话。标准喊话之所以称为"标准"，就是因为它有着严格的规定，什么时间节点该关注什么数据、喊出什么，都是严格规定好的。标准喊话可以由操纵飞机的飞行员发起，也可以由监控飞机的飞行员发起。需要说明的是，操纵飞机的飞行员不一定就是机长。

通常，机长和副驾驶一起飞行，遇到比较复杂的机场、复杂的天气时会由机长操纵飞行；简单的机场、简单的气象条件时，机长会让副驾驶操纵飞机。

以空客 A320 起飞为例，来看看飞行中的"标准喊话"。

（1）推力达到起飞推力之后，PM 主动喊出"起飞推力调定"，PF 不用回答。

（2）速度增速加到 100 节（1 节 =1 海里 / 小时 =1.852 公里 / 小时）时，PM 主动喊出"100 节"，PF 在检查自己的仪表显示速度也为 100 节之后回答"检查"。

（3）速度达到决断速度 V1-5 节时，PM 喊出"V1"，PF 回答"起飞"，并且将手从油门杆上移开，以表示后续再出现任何问题都不会中断起飞。

（4）速度达到 VR（抬轮速度）时，PM 喊出"抬轮"，PF 不用回答，向后拉驾驶杆做出抬轮起飞动作即可。

（5）飞机刚离地，开始爬升有了上升率时，PM 要立刻主动报出"正上升率"，PF 喊"收轮"，PM 做收起落架动作并确认起落架解锁之后回答"收轮"。

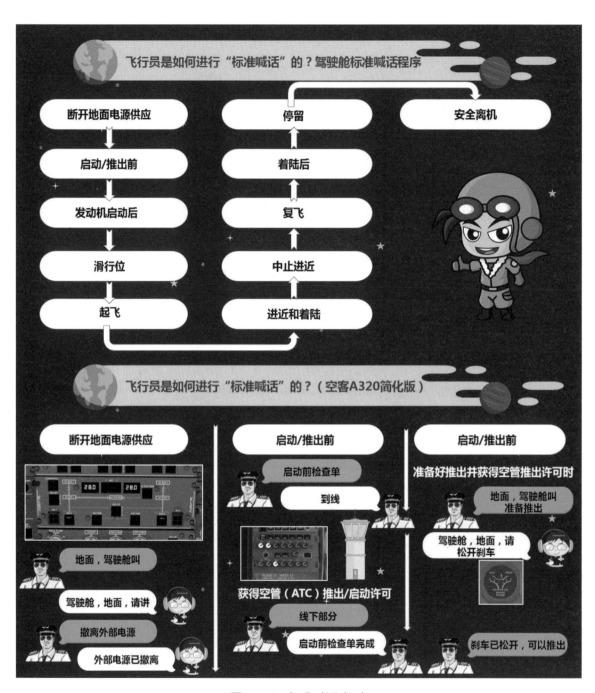

图 3-10　标准喊话（1）

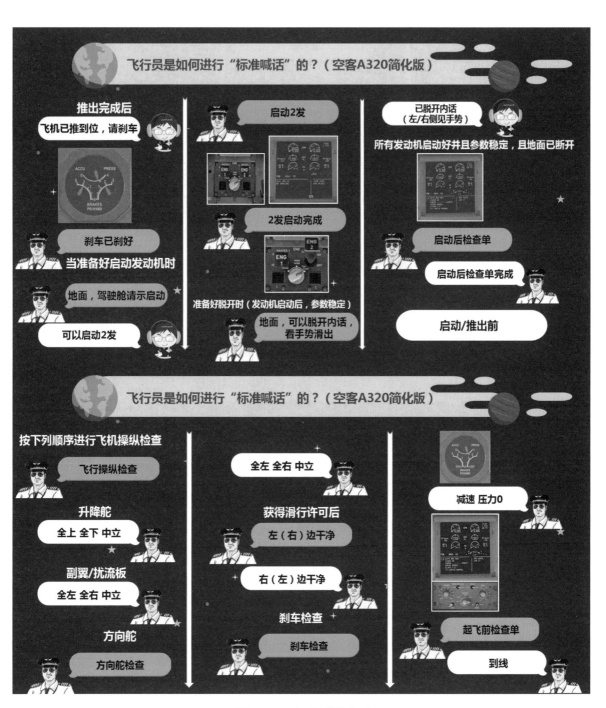

图 3-11　标准喊话（2）

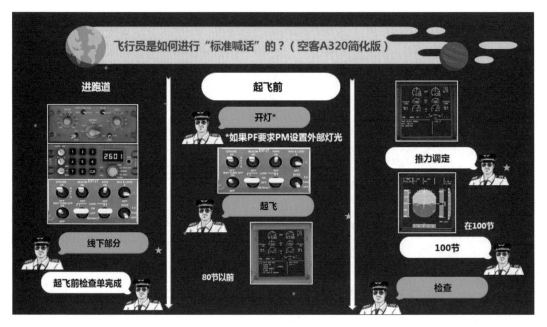

图 3-12 标准喊话（3）

图 3-13 标准喊话（4）

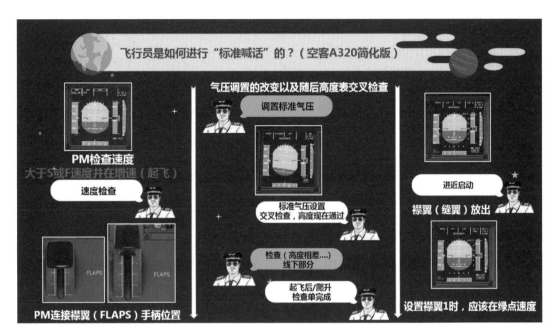

图 3-14　标准喊话（5）

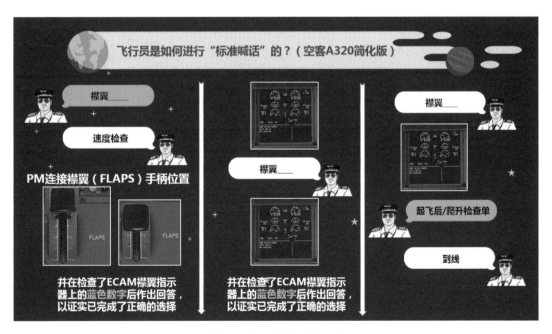

图 3-15　标准喊话（6）

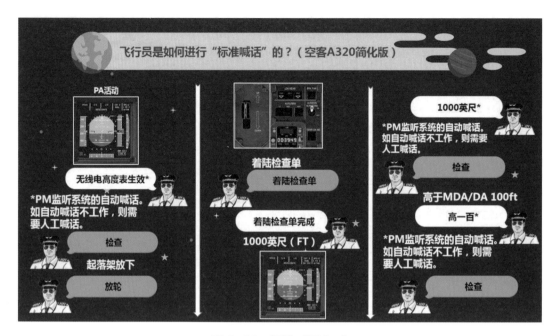

图 3-16　标准喊话（7）

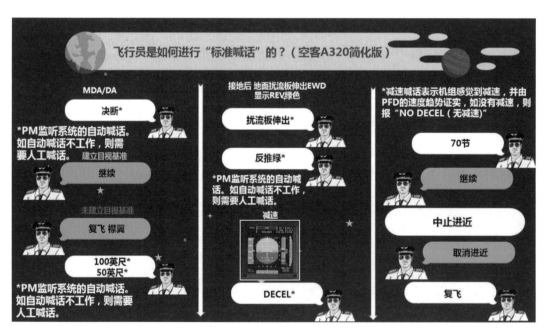

图 3-17　标准喊话（8）

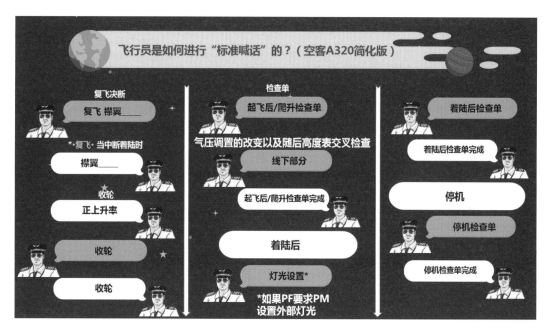

图 3-18 标准喊话（9）

图 3-19 标准喊话（10）

怎么样？是不是很酷？！

第五节 飞机的"推出"和"进位"

1. 飞机的"倒车"

不知大家在坐飞机的时候有没有留意过，飞机是如何从起始机场"推出"的？又是如何在到达目的地机场后滑行到停机位的呢？每次坐飞机时你是否会有这样的疑问——飞机有倒挡吗？

答案是肯定的。先进的大飞机的发动机是有反推功能的，能使气流向前吹，实现飞机的"倒车"。

又有人不禁要问，既然飞机能"倒车"，为什么还需要靠牵引车向后推出停机位呢？这主要是因为飞机很长，而且没有反光镜，因此很难实现"倒车"时的安全。

图3-20 后推中的牵引车

起飞前，牵引车将飞机向后推出并摆正位置后，飞机才能由机长操纵向前滑行，然后起飞升空。

飞机落地后进入停机位的过程中，会由信号员和信号灯给飞行员发出刹车停止的信号，我们后面还会详细讲。

2. 帮助飞机"倒车"的"大力神"

帮助飞机在地面倒车的"大力神",每次出场,总是要等到最后一个乘客登机、舱门关闭之后才会出现。

另外,当没有搭乘旅客的飞机从机场的一个地方移动到另外一个地方时,一般也会由牵引车来负责。按理说,飞机也可以由飞行员操纵滑行过去,但考虑到飞机较高的启动成本,外加发动机有时间寿命限制,所以大多数航空公司还是青睐于用成本较低的牵引车。

图 3-21　不同的牵引车

从工作方式上讲,飞机的牵引车主要有两种:"带把儿"的和"不带把儿"的。所谓"把儿",是用来连接飞机和牵引车的"拖把"。

3. 飞机的进位

将一辆汽车停入车位,对于部分司机尤其是新手来说都是一件难事,何况是一架庞大的飞机呢!

停机坪很大并且很繁忙,飞机与地面设备之间的距离通常很近。每个停机位上可以停靠多种机型,由于每个机型的登机门距机头的距离不同,它们在机位上的停机线也各不相同。那么,当飞机落地后滑入预先安排好的机位时,是如何准确地停在停止线上的呢?

图 3-22　飞机的进位

　　飞机准确的停靠位置是前轮压在机型的停机线与滑行线路的交点上。然而飞机的驾驶舱距离地面较高，飞行员只能看到机头前的地面，无法看到前轮的位置，所以飞行员无法通过自身观察确定精确的位置，必须通过他人或者仪器提供滑行信号。现代先进的停机位上有"自动泊位"功能。在设置好机型后，它就能通过显示屏准确地引导飞机停到正确的位置。

　　如果机位没有"自动泊位"系统，就需要飞行员与机务人员配合，用标准化的手势引导飞机滑行。

　　飞机进入停机位时，需要经过 3 个阶段：转弯摆正、减速、停止。

　　最重要的停止阶段是决定准确停机的关键。在停机线前十几米甚至几十米远有一位信号员，负责给飞行员发出信号，在停机线处有一位监护员，负责判断飞机何时刹住，并给身后的信号员发出刹车信号。由于信号从监护员传到信号员再传给飞行员期间飞机依然在向前滑动，信号存在延迟的情况，所以这就需要靠足够的经验和训练才能做到准确无误。

　　如果飞机滑过或未滑到停止线处就关闭发动机，当超过一定范围时，廊桥无法停靠，必须用牵引车拖至正确的位置。

图 3-23　引导飞机精准入位

为了避免这种情况的出现，地面信号员采用了国际统一的手势，并进行多次的行业标准培训。飞行员要保证对准滑行线，减慢速度，并及时刹车。监护员做出刹车手势的时机也是准确停靠的关键，他们要根据不同的滑行速度，做出准确的判断，这需要不断地积累经验。

4. 飞机滑行至跑道的线路

机场内横纵交错的路线那么复杂，大家有没有想过，飞行员是如何判断走哪条路到达跑道的呢？

其实在飞机推出之前，飞行员之间会做一个起飞简令，相当于预习或是做预案，其中就包括根据经验推测出的预计的滑行路线。当然，具体还是要听空中交通管制员的。例如北京首都国际机场有一个飞机停机位在北侧的四号机坪，起飞的跑道是中间的跑道36R，那就可以简单地推测出滑行路线大概是 Y4-T2-G-E0，所以，当地面机务人员用推车把飞机推出到 Y4 上之后，飞机就开始自行滑行，在 Y4 滑行道上直行，看见 T2 就右转，直行比较长的一段时间之后看到 G 就左转，继续直行，看到 E0 就右转。

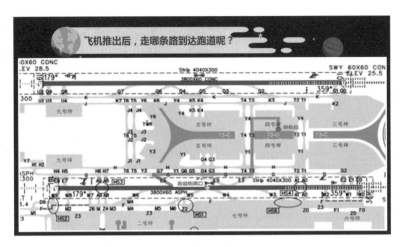

图 3-24　飞机滑行至跑道的线路

由此可见，滑行路线很复杂，并不是一条直线一步到位。这就要求在滑行期间，驾驶舱里的每一位飞行员都要仔细观察、思考，并相互提醒路线是否正确。

因为一旦某一个路口滑错了，就可能跟另一架飞机面对面，四目相对，简直太尴尬了。

5. 飞机的滑行

坐过飞机的人应该都知道，飞机停放的位置离最后起飞的跑道有一定的距离，起飞前需要滑行进入跑道，然后再行驶一段路程才能起飞。这个过程就属于飞机的"地面滑行"。

飞机的地面滑行是一架飞机由静到动的开始。通常大飞机在地面启动发动机后，只要松开刹车，即使不踩油门，飞机的怠速动力也足以让飞机运动起来开始滑行。

图 3-25　飞机的滑行

之前我们说过，大型民用客机低速滑行中的大角度转向，通常靠驾驶舱里面的手轮，就像我们使用方向盘控制汽车转向一样。

第六节　飞机排队起飞

1. 飞机起飞要排队

俗话说"天高任鸟飞"，很多人觉得天空那么大，不会像地面道路一样发生堵塞。实际上不是这样，飞机和鸟不一样，它有特定的航路。

飞机起飞之所以要排队，是因为飞机的起飞顺序有很复杂和严格的规则。下面简单列举几条飞机起飞顺序的规则。

（1）按民航局批复的航班计划时刻排先后。

（2）同方向、同一时刻的航班，按不同目的地方向的流控程度排序。

（3）同方向、同目的地、同时刻但是不同航路的航班，哪个航班的航路流控小哪个先走。

（4）同时刻、同方向、同目的地、同航路的航班，哪个先关好舱门哪个先走。

图 3-26　排队出港的飞机

2. 中国最繁忙的机场（截至 2020 年）

（1）北京首都国际机场建成于 1958 年，后经多次扩建，现有 3 条跑道、3 座航站楼，是环渤海地区国际航空客货运枢纽，世界超大型机场。

（2）上海浦东国际机场建成于 1999 年，为 4F 级民用机场，长三角地区国际航空客货运枢纽，华东区域第一大枢纽机场、门户机场。

（3）广州白云国际机场为 4F 级民用国际机场，世界前五十位主要机场。

（4）成都双流国际机场为 4F 级民用国际机场，是中国八大区域枢纽机场之一，中国内陆地区的航空枢纽和客货集散地。

（5）深圳宝安国际机场为 4F 级民用运输机场，是世界百强机场之一，国际枢纽机场，中国干线机场之一，中国四大航空货运中心及快件集散中心之一。

图 3-27　中国最繁忙的机场（1）

（6）上海虹桥国际机场为 4E 级民用国际机场，国际定期航班机场，对外开放的一类航空口岸和国际航班备降机场。

（7）昆明长水国际机场为 4F 级民用运输机场，由云南机场集团有限责任公司运营管理，为全球百强机场之一，是中国八大区域枢纽机场，国际航空枢纽，与乌鲁木齐地窝堡国际机场并列为中国两大国家门户枢纽机场。

（8）西安咸阳国际机场为 4F 级民用国际机场，是中国八大区域枢纽机场之一，国际定期航班机场，世界前百位主要机场。2014 年 6 月成为西北第一个、中国第八个实行 72 小时过境免签政策的航空口岸。

（9）重庆江北国际机场为 4F 级民用国际机场，是中国八大区域枢纽机场之一，2013 年 12 月成为中国第五个实行 72 小时过境免签政策的航空口岸。

（10）杭州萧山国际机场为 4F 级民用运输机场，是中国十二大干线机场之一，国际定期航班机场，对外开放的一类航空口岸和国际航班备降机场。2014 年 10 月成为实行 72 小时过境免签政策的航空口岸。

图 3-28　中国最繁忙的机场（2）

第七节　起飞的庞然大物

1. 飞机的三维操控

由于飞机的机型各不相同，其中存在很多差异，但从操纵原理上来说还是有很多共同之处的。

飞机飞在天上的三维运动，分为横侧（偏航）、俯仰、横滚三种动作。

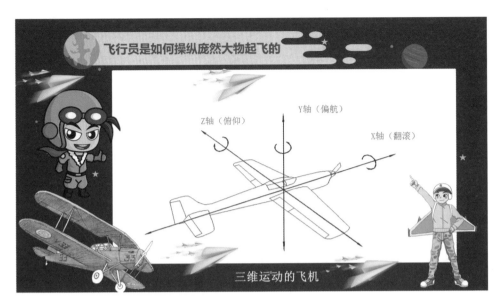

图 3-29　飞机的三维操控

　　飞行员通过蹬脚下的左或右两个方向舵，带动飞机尾部的垂直安定面，从而实现飞机的横侧动作。

　　飞行员通过向前或向后推拉驾驶舱的操纵杆，带动飞机尾部的升降舵动作，从而实现飞机的俯仰动作。

　　飞行员通过向左或右扳动驾驶舱的操纵杆，带动飞机机翼上的副翼动作，从而实现飞机的横滚动作。

图 3-30　操控飞机的装置

一个优秀的飞行员既要具有"胆大心细、遇事不慌"的心理素质，也要有优异的身体素质和丰富的专业知识，而良好的经验和技术是可以通过刻苦的学习训练培养出来的。

2. 飞机起飞时的速度

飞机起飞速度的高低和飞机的起飞重量、气象条件等诸多因素有关，即使同一架飞机，每次起飞的速度也不一定相同。

图 3-31　飞机的起飞速度各不相同

大体来说，飞机的起飞重量越大，所需要的升力就越大，因而要求起飞的速度也就越大。通常，小型固定翼飞机的起飞速度大概为 130 千米 / 小时，民航客机起飞离地时的速度大概为 200~300 千米 / 小时。比如，波音 747 的起飞速度约为 270 千米 / 小时，协和客机的起飞速度约为 320 千米 / 小时。

温度、海拔与气压会影响空气密度从而影响升力，对起飞速度也有影响。高原机场，如拉萨、康定、稻城等地的机场，需要的起飞速度通常比成都、上海等地的机场要求的起飞速度要高，需要的跑道更长、发动机推力更大。

3. 飞机起飞时乘客注意事项

对于第一次坐飞机的人来说，往往兴奋中带些紧张。那么，乘客在登机后需要注意什么呢？

（1）系好安全带。乘客系上安全带后，被稳稳地保护在座位上，可以防止因突然中断起飞或颠簸等导致的碰撞而受伤。

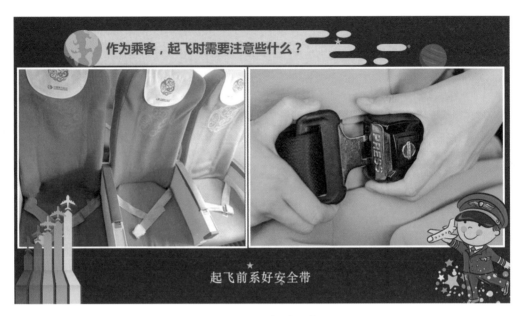

图 3-32　系好安全带

（2）起飞或落地前需调直座椅靠背。这是为了在突发情况应急撤离过程中，后排乘客有足够大的逃生空间。因此，起飞、落地前要收起小桌板，调直座椅靠背。

图 3-33　起飞或落地前调直座椅靠背

（3）在飞机起飞或进近降落期间，乘客需要保持遮光板被打开的状态，方便乘客或空乘人员及时发现位于引擎、机翼等飞行员不易察觉的机械部分出现故障。一旦发生突发情况，即使客舱灯光突然断电，乘客也可以通过窗外照射进来的光看清楚客舱里的情况。

图 3-34　打开遮光板

第八节　起落航线

飞机就像信鸽一样会飞向一个特定的地方。信鸽，要飞向自己的家；对于飞机，目的地就是机场。虽然飞机从四面八方飞向机场，可是并不会撞在一起，因为每架在机场附近飞行的飞机，其程序都是经过缜密组织的。

起飞后和落地前，飞机通常会排着队，在跑道附近飞一个长方形的航线。这个航线在飞行的专业术语中叫做起落航线，也经常被飞行爱好者们称为五边飞行。

建立起落航线的目的是为了使进入和离开机场的飞行流量得到合理的控制。飞行训练中，飞行员起飞和着陆的驾驶技术经常是通过起落航线来掌握的。

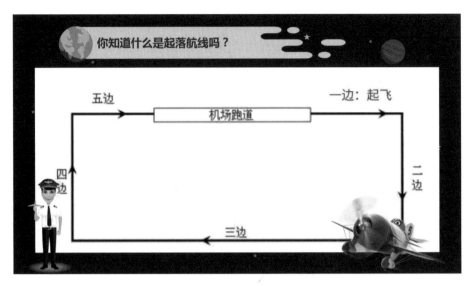

图 3-35　飞行起落航线

起落航线是一种基本的起降飞行训练内容，也是一种重要的进近程序。

起落航线是指飞机起飞后，按预定的高度、速度和转弯点飞行一圈，然后着陆的飞行过程。通常由五个边和四个转弯构成。

一边沿着起飞跑道的方向，终止于一个转弯的开始；二边垂直于跑道（或是一个连续转弯）；三边平行于跑道，飞行高度可以为1500英尺（1米=3.281英尺）；四边垂直于跑道中心线（或是一个连续转弯），一般为下降飞行；五边为跑道的延长线，也是整个起落航线中最难的部分。

图 3-36　起落航线的构成

各机型的飞行程序有很大差异，下面以空客 A320 起飞为例，从科普角度简单介绍一下。

1. 一边

飞机起飞后，沿跑道起飞方向顺势飞行，此为一边。

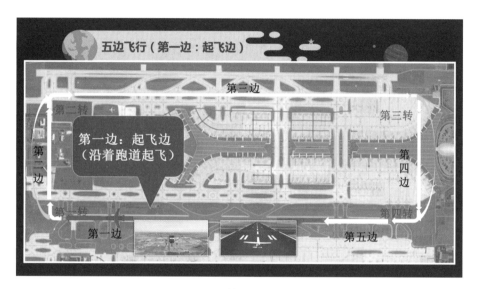

图 3-37　第一边：起飞边

飞机离地后，起落架收起，飞行员执行"起飞前检查单线下部分"；起落训练可以不收襟翼，保持起飞襟翼"2"档位即可。在一边爬升时，需始终保持上下三角对齐，即可持续保持一边航向 360°。

图 3-38　保持上下三角对齐

保持爬升姿态15°。

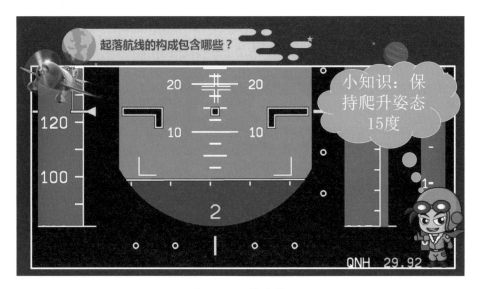

图 3-39　姿态仪

上升改平飞技巧：

上升到 1 500 英尺，提前 100 英尺稳驾驶杆，改平飞。保持姿态约 2.5°，同时检查升降率为 0，即可保持平飞。

同时收油门，将速度稳定在 140—160 海里 / 小时。

上升时的注意力分配：高度表—地平仪姿态坡度—速度表—地平仪姿态坡度—航向表—地平仪姿态坡度，循环检查。

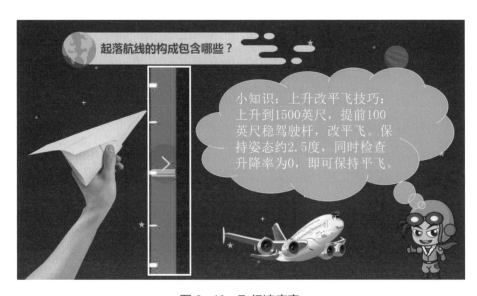

图 3-40　飞行速度窗

2. 二边

对于大飞机来说，二边可以是一个连续的转弯。高度保持 1 500 英尺，可以简化为一个 180° 的连续左转弯。坡度 15°。从航向 360°（北，N），转到 180°（南，S）。

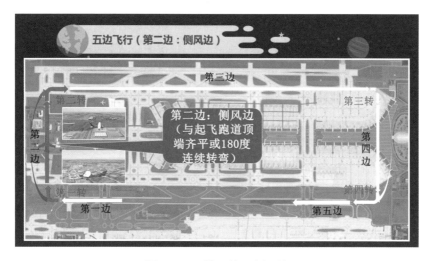

图 3-41　第二边：侧风边

转弯时的注意力分配：高度表—地平仪姿态坡度—速度表—地平仪姿态坡度—航向表——地平仪姿态坡度，循环检查。以便始终保持 1500 英尺高度，保持速度 140~160 节。

转弯技巧：

在转弯过程中升力减小，可以适当加油门，将飞机的飞行状态由转弯改至平飞，并适当收回油门；到达目标航向 180° 前，提前 10° 改平坡度较为合适。

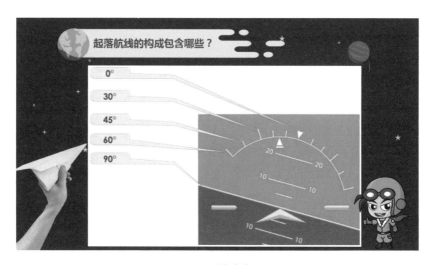

图 3-42　坡度指示器

3. 三边

仍然保持 1 500 英尺高度，保持速度 140-160 节，保持航向 180°；仪表循环检查。当观察飞机位置正切跑道时，开始放襟翼。

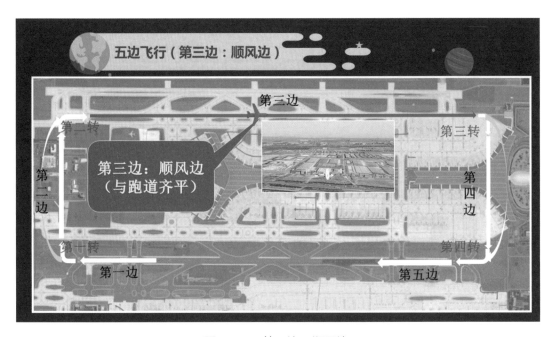

图 3-43 第三边：顺风边

此时，PF 下口令：

"襟翼 3"；

"襟翼全"。

PM：

听到 PF "襟翼 3" ——操纵襟翼手柄到 "3" 位；

看到飞机仪表上显示襟翼移动到位后——喊出 "襟翼 3"；

听到 PF "襟翼全" ——操纵襟翼手柄到 "全" 位；

看到仪表上显示襟翼移动到位后——喊出 "襟翼全"；

选择自动刹车—— "L0"（低）档位。

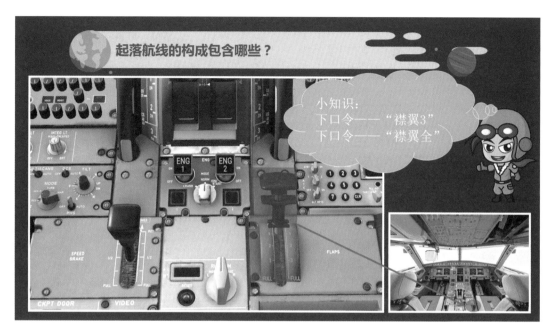

图 3-44　PF 下口令（1）

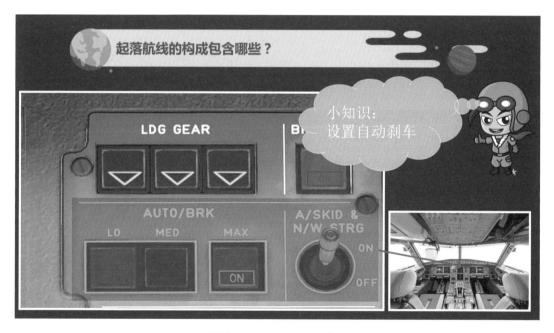

图 3-45　PF 下口令（2）

飞行员共同执行着陆检查单。

图 3-46　着陆检查

4. 四边

在飞行训练中，第三边飞行至跑道头，通常再飞行 45 秒后，根据实际情况进入三转弯。三转弯进入第四边。

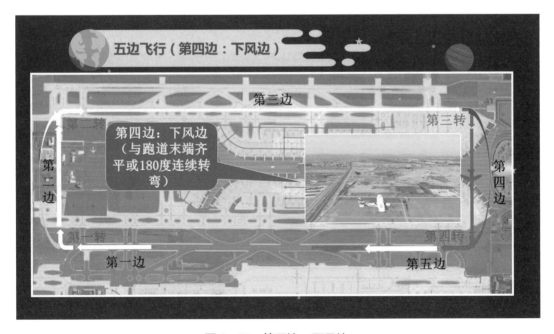

图 3-47　第四边：下风边

对于初学者，四边仍然可以做一个 180° 的连续转弯，以能见跑道为界，可以分为前半段和后半段。

前半段看不到跑道，驾驶技巧：

保持 15° 坡度，左转；

收油门、稳杆进入下降，保持下降率 500~1000 英尺／分钟；

检查速度 140~160 节。

注意力分配：下降率—地平仪姿态坡度—速度—地平仪姿态坡度，循环检查。转弯通过 90° 时，检查高度应为 1 100 英尺。当转过 100° 之后，从侧前方可看到跑道。进入后半段。

后半段已能看到跑道，驾驶技巧：

根据飞机纵轴的延长线与跑道中心延长线之间的夹角，判断和修正早晚；

随时增加或减小坡度，让飞机平滑切入跑道延长线并对准跑道；

当感觉自己骑在跑道延长线上，就对准了跑道；

保持下降率 500~1 000 英尺／分钟；

检查速度 140~160 节。

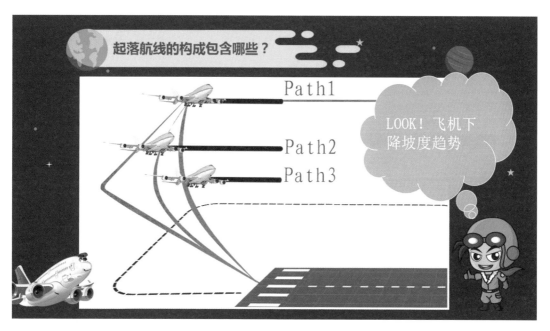

图 3-48　飞机下降坡度趋势

注意力分配：从之前的只看仪表，变为内外结合。

内——看下降率、速度；外——看跑道位置。

5. 五边

五边的两个任务，是控制好"下滑道"和"航向道"。

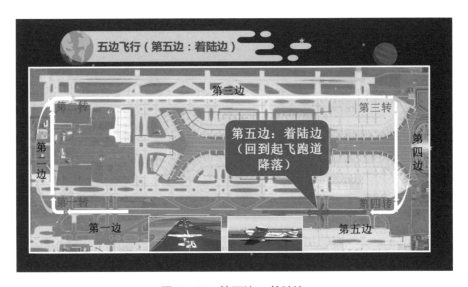

图 3-49　第五边：着陆边

"下滑道"的控制：首先通过 PAPI 灯（下滑坡度指示器）的显示，判断当前位置高低。

一句口诀，形象地说明了 PAPI 灯的作用："白加白，下不来；红白配，继续飞；红加红，进树丛。"

图 3-50　高度过高

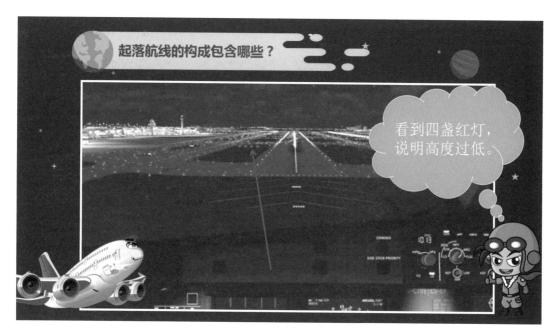

图 3-51　高度过低

图 3-52　高度合适

若高度偏高，及时增加下降率；若高度偏低，及时减少下降率。

当高度显示合适时，将飞机运动趋势对准跑道大白块（瞄准点），并稳定下降率 700

英尺/分钟左右，可使飞机基本始终稳定在下滑道上直至进跑道。

图 3-53　跑道大白块

"航向道"的控制：始终保证自己"骑"在跑道延长线上。既要大胆修正，不敢修会导致偏差越来越大；还要少量修正，操作过量会导致进近不稳定。

此外，通过油门控制飞机速度140~150节，直至进跑道落地。

五边时的注意力分配：

内——看下降率、速度；

外——看跑道位置、看PAPI灯显示高低；

循环检查。

当跑道头从机头下越过并消失后，将视线转移到跑道的远端。视线看远，有助于在拉平时控制俯仰姿态。

飞机在跑道上方约20英尺时，开始向后拉杆，同时柔和地把油门收到慢车位，保持逐渐减缓的下降率，直到接地。接地时仰角姿态4°~6°。

6. 起落航线的操纵要点

飞行员作为飞机的驾使者，飞行技术就是在空中生存的砝码。"飞行技术不过关"也是飞行学员头上的达摩克利斯之剑（表示时刻存在的危险），高居停飞原因的榜首。

抛开所谓"天赋"这一说法，绝大部分飞行学员在开始接受飞行训练前都没开过真飞机！所以大多数人的水平是一样的。在开始技术淘汰筛选前，专业飞行员通常都有13个小时进行起落训练，而起落训练的难点，便是包含了飞行中最基础也最重要的基本驾驶技术和注意力分配的训练。

上升、下降、平飞、转弯是飞行中四种最基本的操纵。前文说过飞机是一个在立体空间围绕三轴运动的物体，在飞行中更多的是上升改平飞、平飞改上升、平飞改下降、下降改平飞、平飞转弯、下降转弯、上升转弯等机动连续的飞行动作。

飞行学员在飞行学院训练的时候，初期主要以起落航线飞行训练为主。那么，起落航线有哪些操纵要点呢？

（1）起飞动作要点。检查动力、速度、滑跑方向，到抬轮速度时柔和拉杆，目视跑道，确定飞机均匀上升后再将注意力转向座舱内的飞行仪表，保持安全的爬升速度和爬升仰角。

上升改平飞要点：上升到 1 500 英尺（1 米 =3.281 英尺），提前 100 英尺前推驾驶杆，改平飞。保持姿态约 2.5°，同时检查升降率为 0，即可保持平飞。

上升时的注意力分配：高度表—地平仪姿态坡度—速度表—地平仪姿态坡度—航向表—地平仪姿态坡度，循环检查。

转弯的要点：在转弯的过程中升力会减小，我们可以适当地加油门，当左右转弯坡度改平时收回；在航向到达 180° 前，提前 10° 改平坡度较为合适。

图 3-54 飞机起飞

（2）进近动作要点。三边、四边转弯的好与坏，对五边有直接影响。转弯坡度如过大，会使得五边的距离变短，并容易造成五边难度加大，反之亦然。下降率如过大，会使得五边的高度过低，反之亦然。

图 3-55　飞机进近

着陆动作要点：速度 140~150 节，在下滑道高度正确的前提下将飞机头对准跑道大白点，飞机的方向位置在跑道延长线上，这些就是五边操控的目标。

在飞五边时要积极做好高度、位置和空速的交叉检查，切忌在不需要修正的情况下乱动杆舵油门，克服没事乱晃操纵杆"炒菜"的坏习惯。飞机在五边时，正确的位置感应该将跑道和延长线所在的大地看成一个平面，将目光在跑道接地区和风挡间来回收放，慢慢地就会得到一个清晰正确的下滑剖面和运动趋势，也就有了飞机在五边的位置感觉。

修正飞机要有提前量，在飞机发生大的偏差之前修正，用很小的航向和俯仰变化把飞机修正到正确的位置上来。这种位置感很多时候是飞行员本能的条件反射，需要经过大量的飞行训练并不断总结才能获得。

图 3-56　飞机的着陆

第九节　飞行的分类

你知道飞行有多少种分类吗？

根据飞行任务性质分类，可分为：航空运输飞行、通勤航班飞行、训练飞行、检查试验飞行和公务飞行。

图 3-57　按飞行任务性质分类

根据飞行区域划分：机场区域内飞行、航线飞行和作业区飞行。

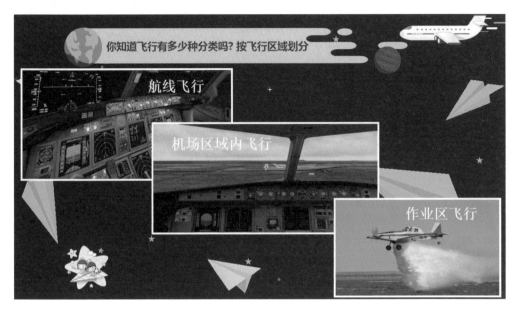

图 3-58　按飞行区域划分

按照昼夜时间划分：昼间飞行、夜间飞行。

昼间飞行是指从日出到日落之间的飞行。

夜间飞行是指从日落到日出之间的飞行。

图 3-59　按照昼夜时间划分

按照气象条件划分：简单气象条件飞行、复杂气象条件飞行。

图 3-60　按照气象条件划分

按照驾驶和领航技术划分：目视飞行（VFR）、仪表飞行（IFR）。

图 3-61　按照驾驶和领航技术划分

按照飞行高度划分：超低空飞行、低空飞行、中空飞行、高空飞行和平流层飞行。

图3-62　按照飞行高度划分

按照飞行地理条件划分：平原飞行、丘陵地区飞行、高原山区飞行、海上飞行和沙漠飞行。

图3-63　按照自然地理条件划分

第一节　驾驶舱准备的基本操作程序

现代大型民用运输飞机至少为两人制机组，通常机长位于左座，副驾驶位于右座。飞机左右座的操作装置均可实现对飞机的控制。

从操作角度来讲，一名 PF 飞行员实际手握控制杆（或驾驶盘），另一名 PM 飞行员辅助、配合、监督、确认、读检查单，以及与空中交通管制员通信报话等。执行航班从进入驾驶舱开始，所有工作便按照 PF 和 PM 进行分工。

这里主要讲解驾驶舱内的准备程序及陆空通话。

需要说明的是，不同飞机机型的操作程序有很大区别，这里主要以空客 A320 为例，以飞行手册为主要参考。由于本书侧重于科学普及，故对内容进行了压缩简化，以方便读者理解。

图 4-1　A320 驾驶舱布局

1. PNF

发动机主电门——关闭。

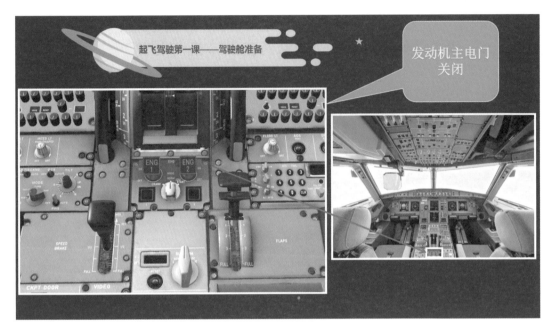

图 4-2　发动机主电门关闭

发动机方式选择器——正常位。

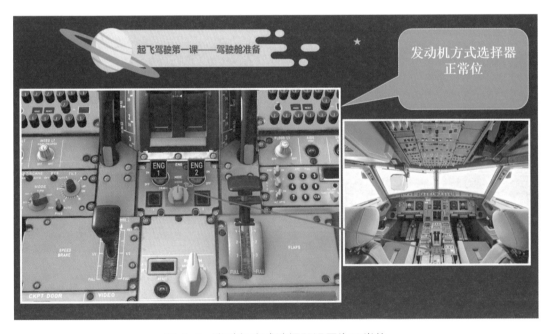

图 4-3　发动机方式选择器设置为正常位

起落架手柄——检查放下。

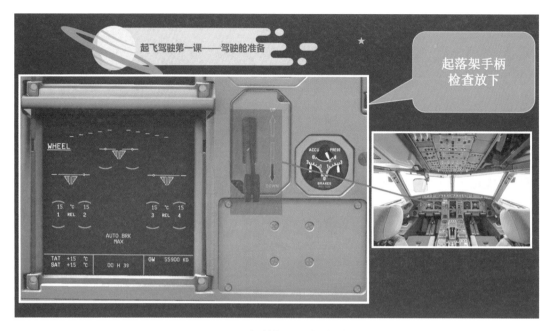

图 4-4　起落架手柄检查放下

两个雨刷开关——检查关位。

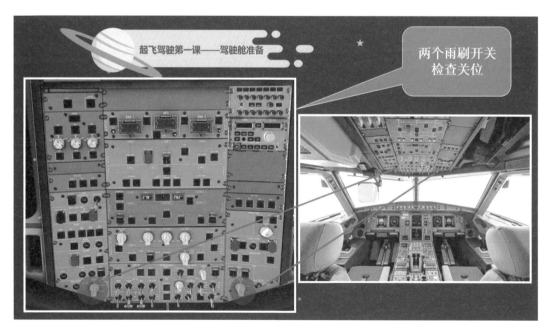

图 4-5　两个雨刷开关检查关位

电瓶开关——自动位。

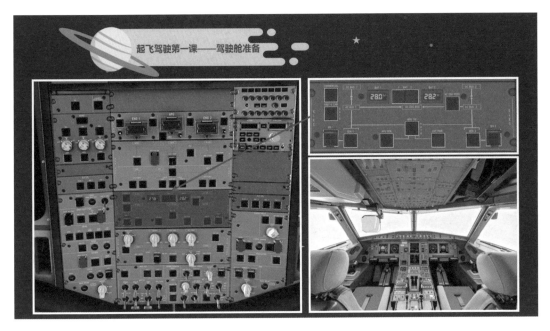

图 4-6　电瓶开关设置为自动位

APU（辅助动力装置）火警电门——按下，测试。

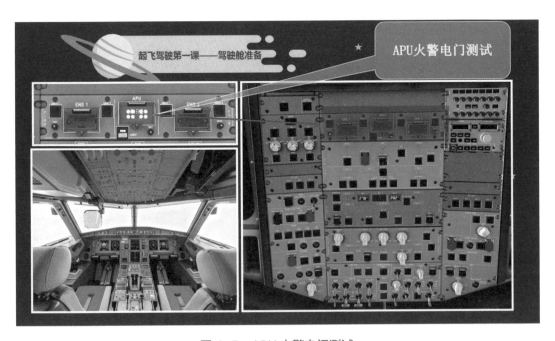

图 4-7　APU 火警电门测试

APU（辅助动力装置）电门——按下，启动。

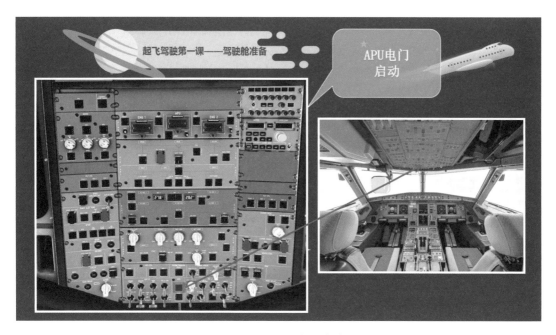

图 4-8　APU 电门启动

空调面板——按需设置温度。

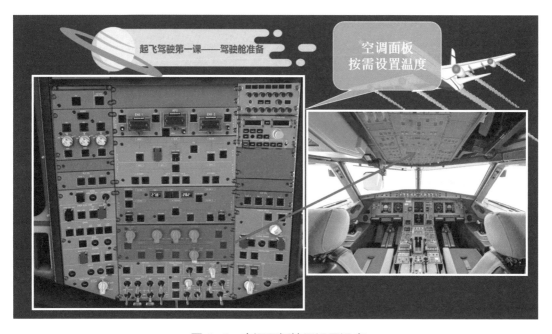

图 4-9　空调面板按需设置温度

各系统状态页面检查——没有故障灯信号出现。

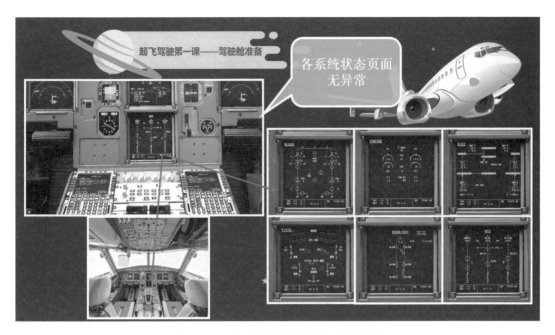

图 4-10　各系统状态页面检查无异常

襟翼手柄——检查指示为 0。

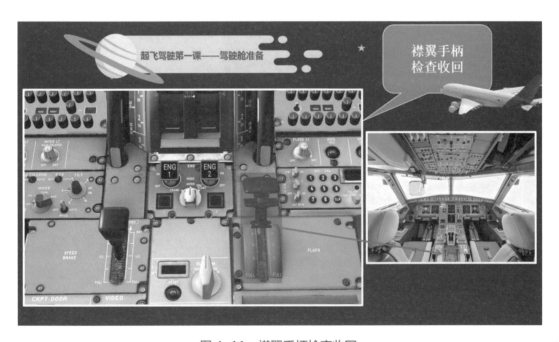

图 4-11　襟翼手柄检查收回

停留刹车——设置到开位。

图 4-12　停留刹车设置到开位

驾驶舱应急设备——检查齐全。

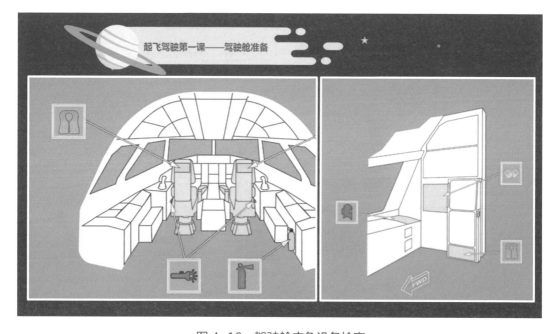

图 4-13　驾驶舱应急设备检查

跳开关面板——检查没有跳开关（保险开关）跳出。

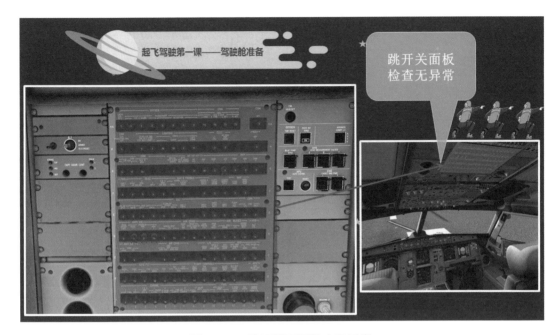

图 4-14　跳开关面板检查无异常

气压基准——设置（根据气象条件）。

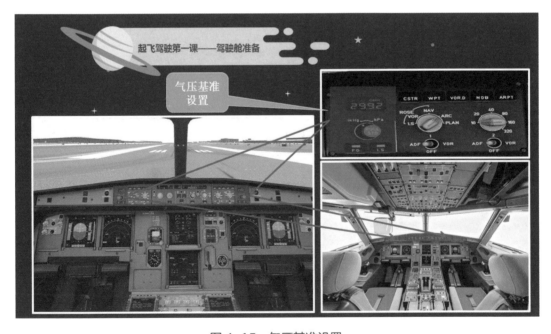

图 4-15　气压基准设置

飞行仪表 PFD 开关——打开。

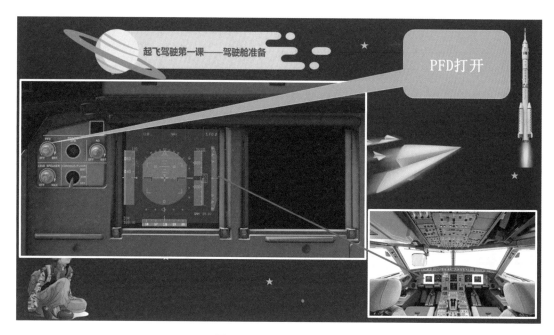

图 4-16　飞行仪表打开

飞行仪表 ND 开关——打开。

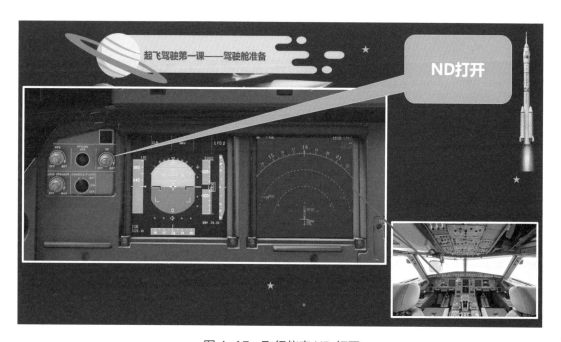

图 4-17　飞行仪表 ND 打开

氧气面罩——检查正常。

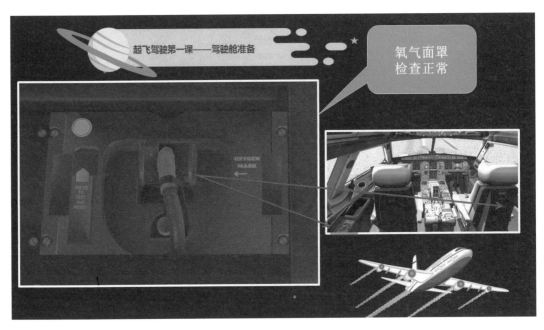

图 4-18　氧气面罩检查正常

2. PF

顶板——将所有白灯开关按入，使白灯熄灭。

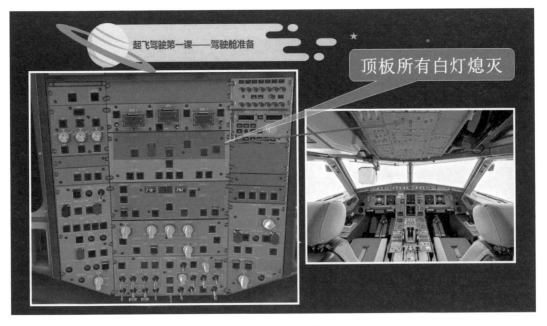

图 4-19　顶板所有白灯熄灭

舱音记录器——开关按入。

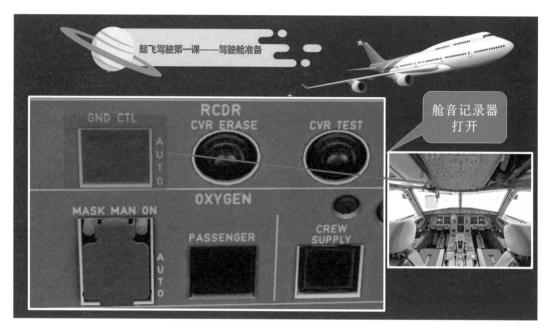

图 4-20　舱音记录器打开

撤离面板——可设置为中立位或按航空公司具体要求设置。

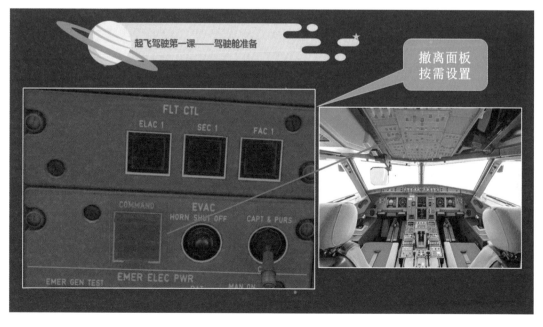

图 4-21　撤离面板按需设置

惯性基准导航系统——开关设置在导航位。

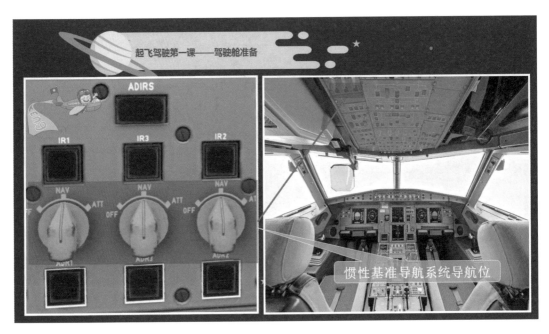

图 4-22　惯性基准导航系统设置在导航位

外部灯光——除航行灯以外全部关掉。

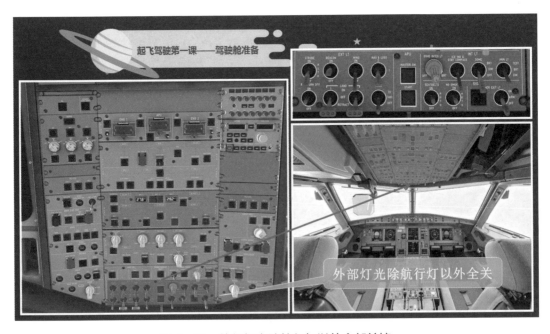

图 4-23　外部灯光除航行灯以外全部关掉

旅客信号牌——可设置为安全带灯开，禁烟灯开。

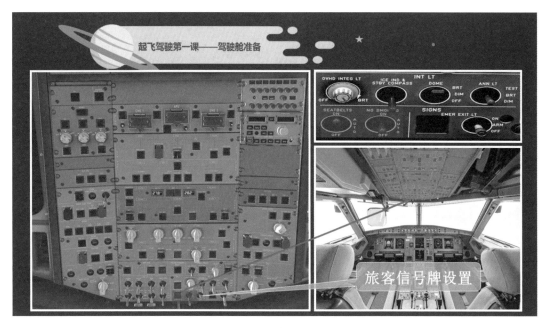

图 4-24　旅客信号牌设置

探头风挡加温——设置到自动位。

增压系统着陆标高——设置到自动位。

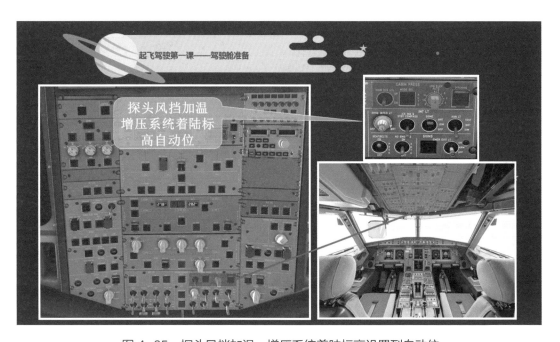

图 4-25　探头风挡加温、增压系统着陆标高设置到自动位

空调组件流量——开关按下。

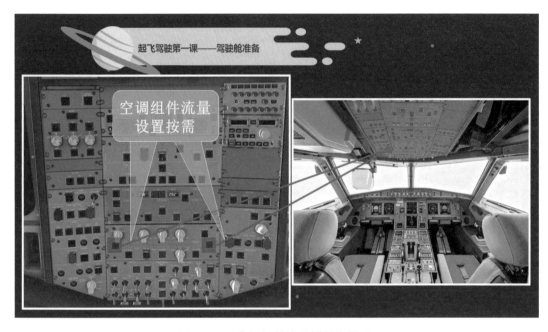

图 4-26　空调组件流量设置为按需

燃油面板——按下所有燃油泵开关。

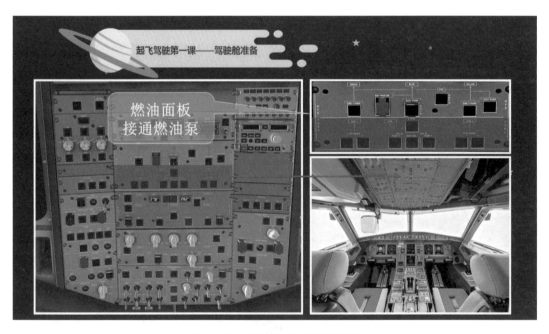

图 4-27　燃油面板接通燃油泵

发动机火警——按下测试按钮，测试。

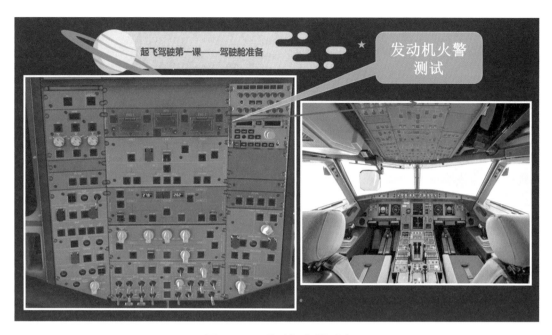

图 4-28　发动机火警测试

通风面板——检查正常（无故障灯亮）。

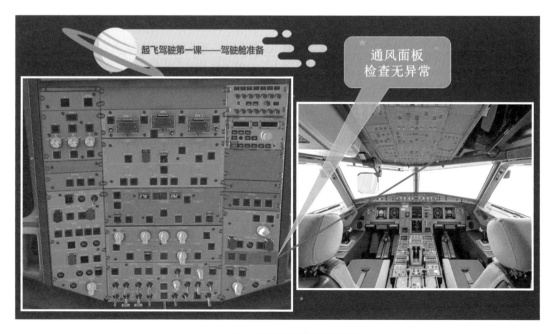

图 4-29　通风面板检查无异常

防滞前轮转弯——设置在开位。

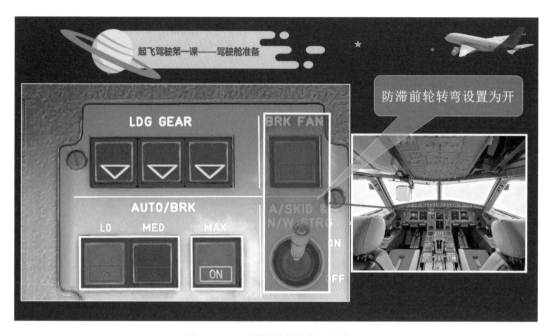

图 4-30　防滞前轮转弯设置为开

音频面板——按需调节频率（查阅航图或咨询空中交通管制员，调出所需陆空通话的频率）。

图 4-31　音频面板按需调节频率

转换面板——将开关设置为自动位。

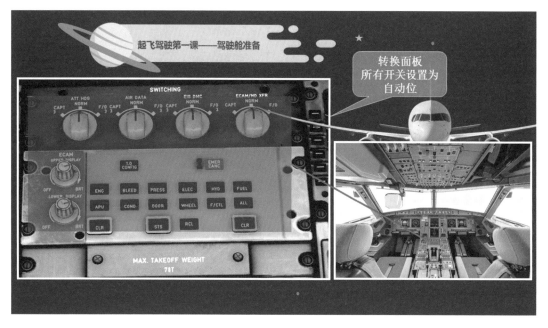

图 4-32　转换面板设置为自动位

推力手柄——设置到慢车位。

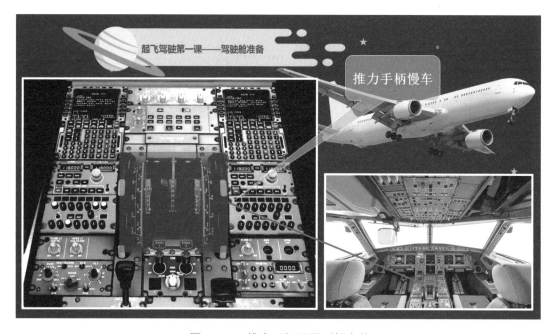

图 4-33　推力手柄设置到慢车位

发动机主电门——检查在关位。

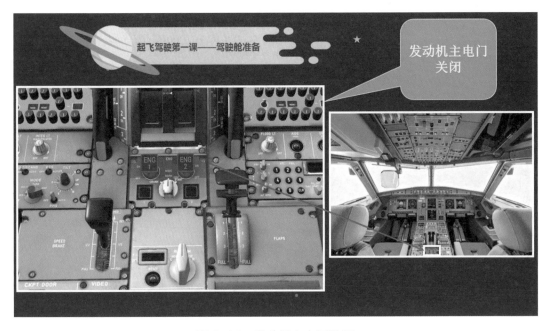

图 4-34　发动机主电门关闭

发动机方式选择器——设置为正常位。

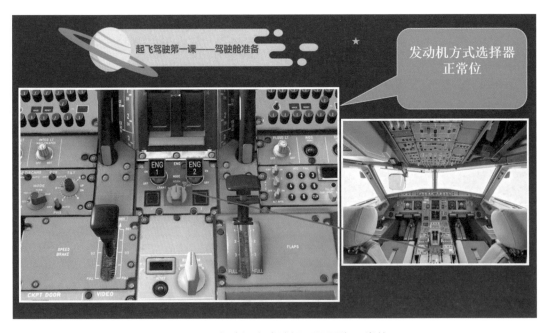

图 4-35　发动机方式选择器设置为正常位

放起落架装置——检查收回。

气压基准——根据机场天气预报及实况设置。

图 4-36　气压基准设置

飞行仪表 PFD——开关打开。

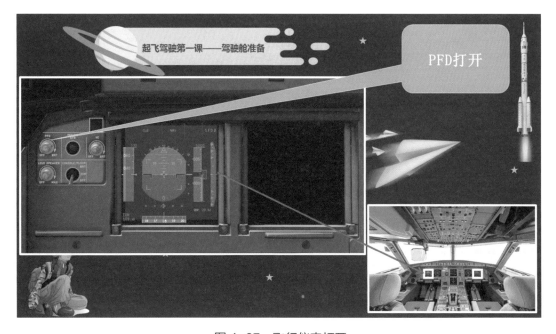

图 4-37　飞行仪表打开

飞行仪表 ND——开关打开。

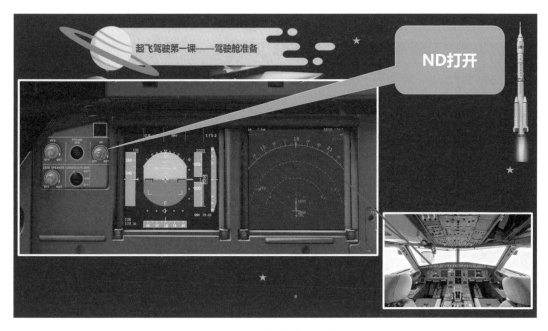

图 4-38　飞行仪表 ND 打开

氧气面罩——检查正常。

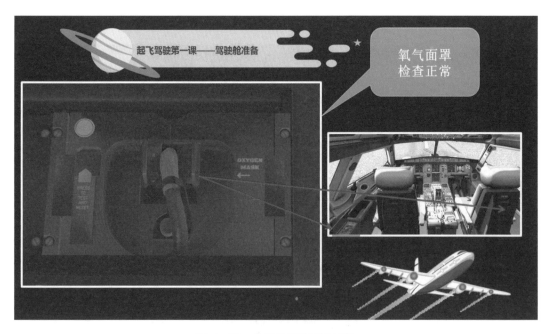

图 4-39　氧气面罩检查正常

第二节　机外安全检查（上）

　　每次执行航班任务，在旅客登机之前，飞行员至少对飞机外部进行一次完整的目视检查，以确保飞机外表无伤、部件无丢失，以及确认没有外来人、外来物等藏在飞机上。

　　机外安全检查是有固定的路线和顺序的，为的是让飞行员在检查过程中高效无遗漏。

　　以空客 A320 为例，机外安全检查要求顺时针进行。

　　（注：根据飞行手册，从科学普及角度，已对内容进行压缩和简化）

图 4-40　顺时针机外检查

1. 左前机身

迎角探头——确保外观良好无受损。

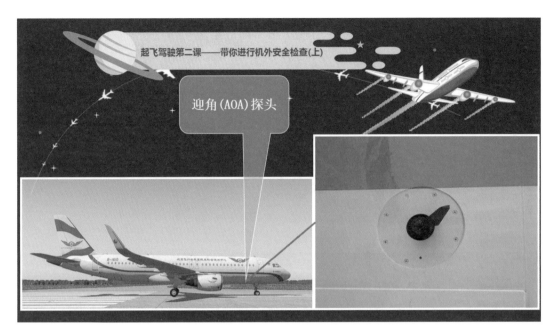

图 4-41　检查迎角探头

静压口——确保外观良好，无受损、无胶布粘贴。

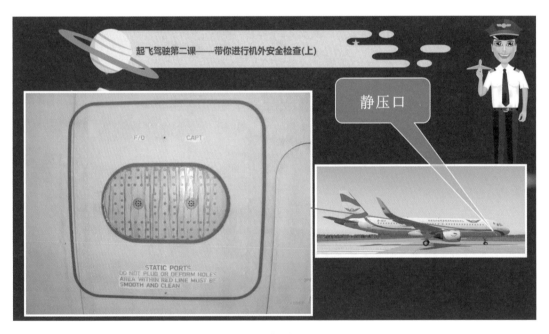

图 4-42　检查静压口

检查电子设备通风进气活门。

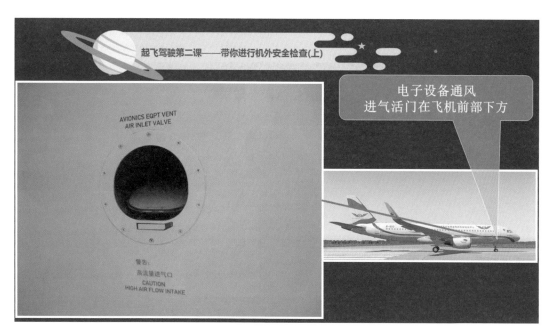

图 4-43　检查电子设备通风进气活门

氧气舱门——关上。

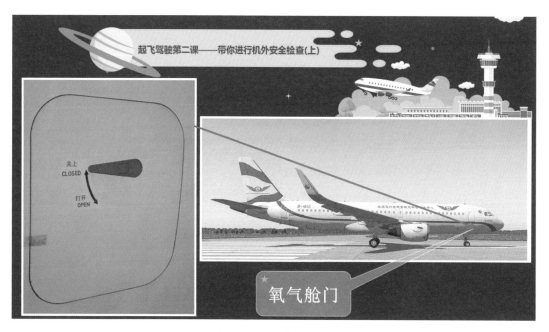

图 4-44　检查氧气舱门

氧气机外释放指示片（绿色）在位。

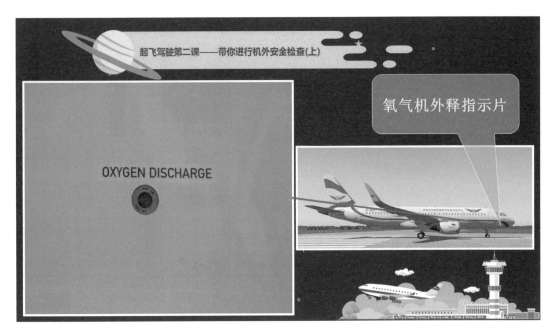

图 4-45　检查氧气机外释放指示片

机头部分

空速管探头——外观无受损，无胶布粘贴。

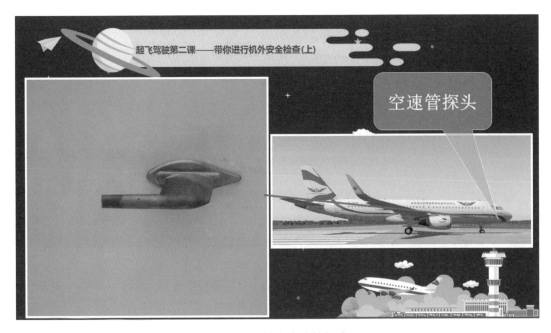

图 4-46　检查空速管探头

备用静压口——确保外观良好，无受损、无胶布粘贴。

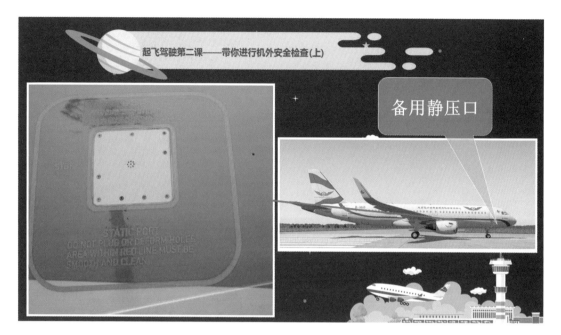

图 4-47　检查备用静压口

全温探头——外观无受损，无胶布粘贴

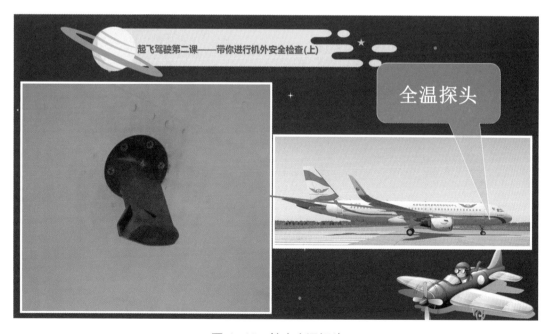

图 4-48　检查全温探头

目视机鼻雷达罩的状况，确保锁销扣好，没有损伤。

图 4-49　检查机鼻雷达罩

前电子设备舱门——关闭。

图 4-50　检查前电子设备舱门

地面电源门——关闭。

图 4-51　检查地面电源门

2. 前起落架

检查前起落架减震支柱无损坏、无渗漏。

前轮胎、轮毂无损坏，轮胎磨损在标准内。

图 4-52　检查前起落架减震支柱、前轮胎及轮毂

目视检查确保滑行灯、起飞灯及跑道转弯灯的灯罩外观无损伤，并按需提出清洁。

图 4-53　检查滑行灯、起飞灯及跑道转弯灯的灯罩

轮舱内液压油管路和电源线状态良好。

图 4-54　检查液压油管路和电源线

安全销——插好。

图 4-55　检查安全销

3. 右前机身

电子设备舱门——关闭。

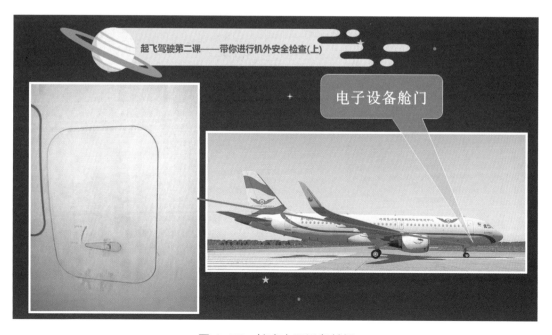

图 4-56　检查电子设备舱门

电子设备通风排气活门——清洁，正常。

图 4-57　检查电子设备通风排气活门

静压口——无外来物附着，无损伤。

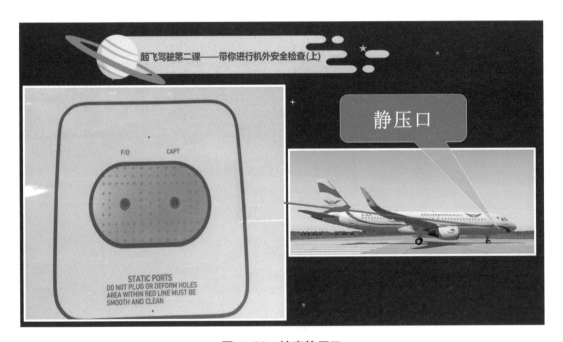

图 4-58　检查静压口

迎角探头——外观无受损，无胶布粘贴，状态良好。

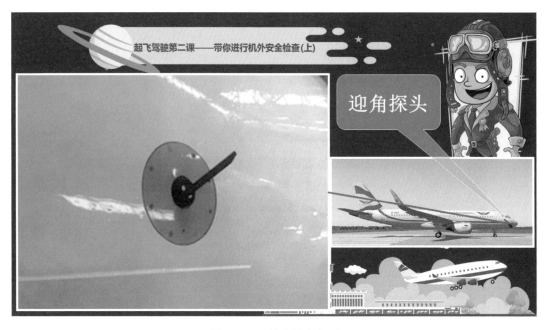

图 4-59 检查迎角探头

前货舱门和控制面板，清洁且正常。

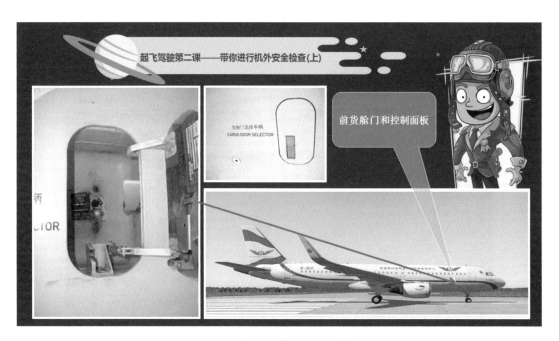

图 4-60 检查前货舱门和控制面板

第三节　机外安全检查（中）

　　机外检查主要是保证整个飞机的良好状态，检查部件和设备对飞行绝对安全。每一次飞行前，飞行员必须对飞机进行全面检查。本节我们将从下部中间机身检查继续学习。

　　1. 下部中间机身

　　饮用水排放面板——检查关闭。

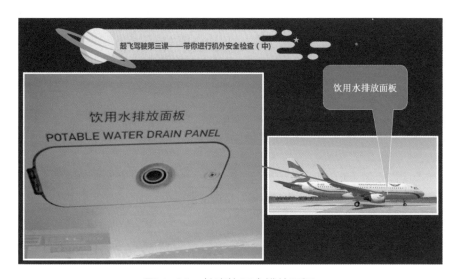

图 4-61　检查饮用水排放面板

　　目视检查天线——确保没有受损。

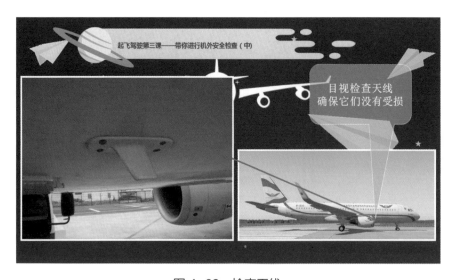

图 4-62　检查天线

排放罩——清洁且正常。

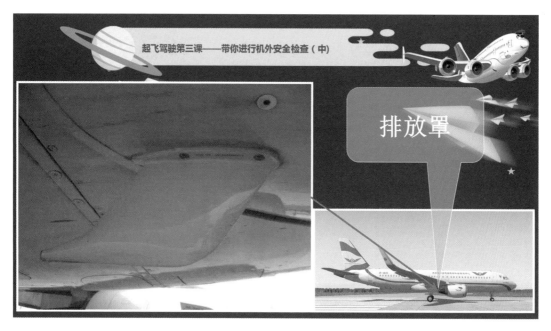

图 4-63　检查排放罩

组件热交换器冲压进出口——清洁且正常。

图 4-64　检查组件热交换器冲压进出口

外部空调和高压地面连接门——关闭。

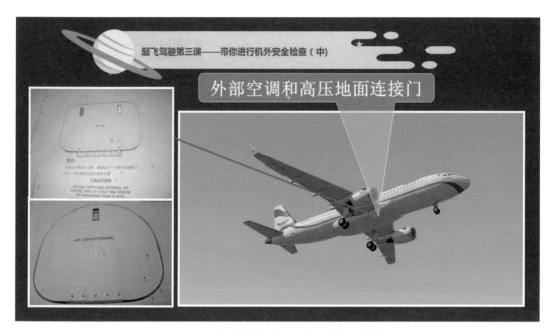

图 4-65　检查外部空调和高压地面连接门

红色防撞灯——无损坏。

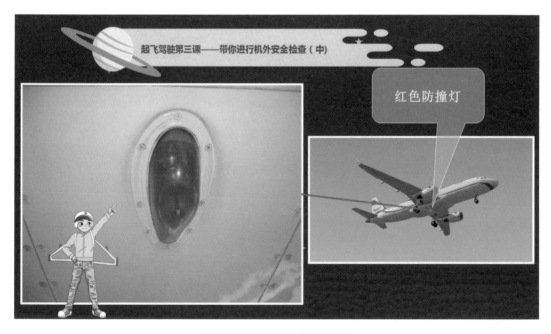

图 4-66　检查红色防撞灯

中间油箱磁性燃油位——齐平无凸起。

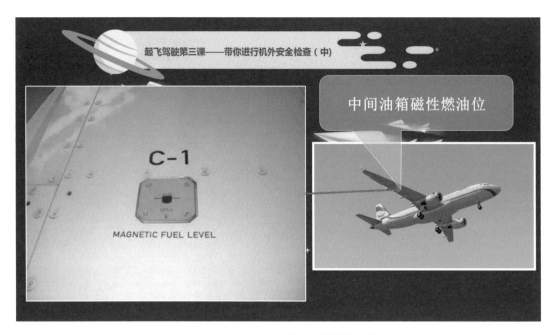

图 4-67　检查中间油箱磁性燃油位

2. 右中机翼

液压舱门——关闭。

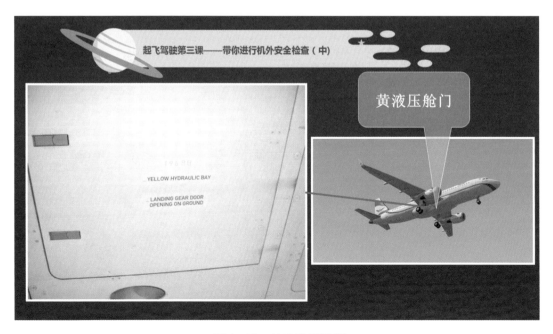

图 4-68　检查液压舱门

燃油面板——关闭。

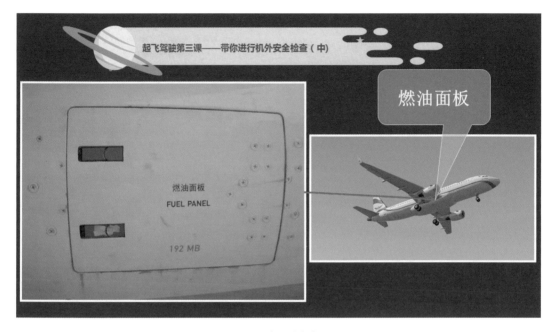

图 4-69　检查燃油面板

燃油面板——清洁正常。

图 4-70　检查燃油面板

燃油排水活门内箱——无渗漏。

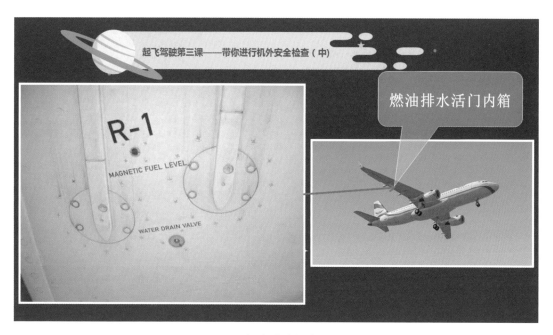

图 4-71　检查燃油排水活门内箱

目视检查右着陆灯，确保灯罩无损伤。

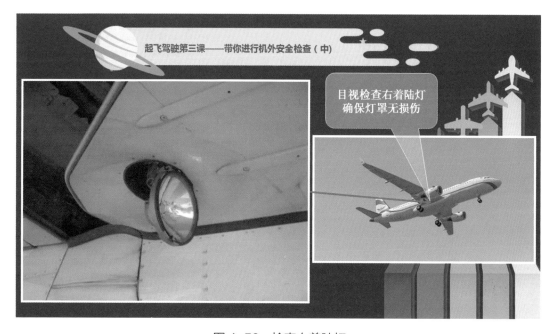

图 4-72　检查右着陆灯

机翼照明灯——正常无破损。

图 4-73　检查机翼照明灯

缝翼——清洁且正常。

图 4-74　检查缝翼

发动机——检查发动机吊架等部位无损坏，检查发动机涡轮叶片等无损坏。

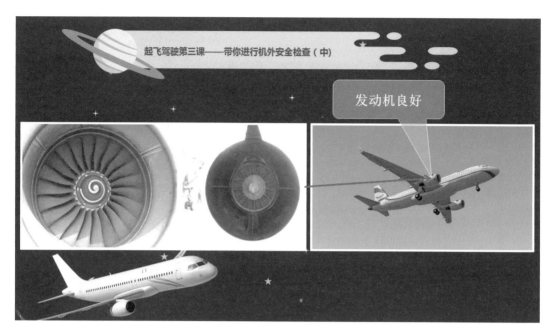

图 4-75 检查发动机（1）

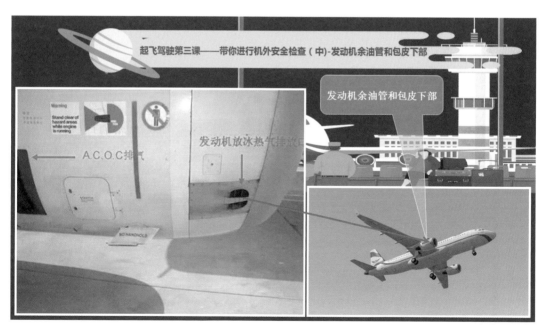

图 4-76 检查发动机（2）

检查发动机下部无油液漏出，反推锁螺母在位。

图 4-77　检查发动机下部

第四节　机外安全检查（下）

1. 右翼前缘

右翼前缘——良好无损坏无凹坑，机翼下表面无油液渗漏。

图 4-78　检查右翼前缘

内侧、外侧燃油箱磁性油位——齐平。

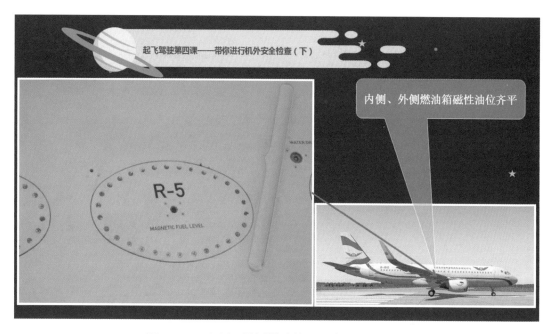

图 4-79　内侧、外侧燃油箱磁性油位——齐平。

缓冲油箱进气口——清洁且正常。

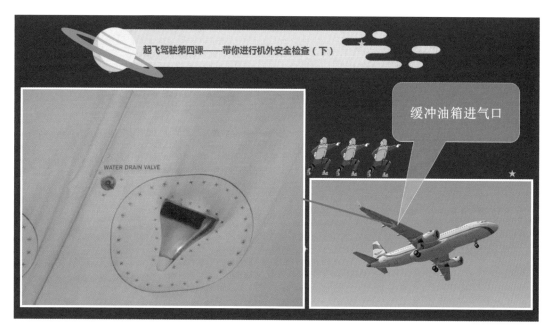

图 4-80　检查缓冲油箱进气口

加油接头——清洁且正常。

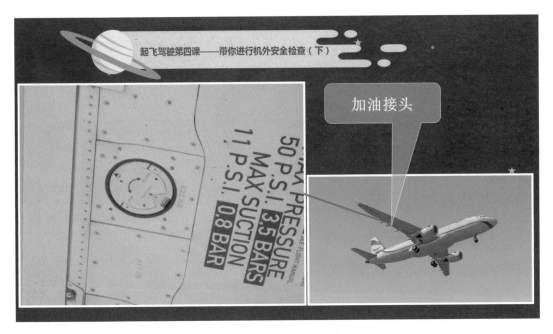

图 4-81　检查加油接头

通气油箱——检查十字标志清晰。

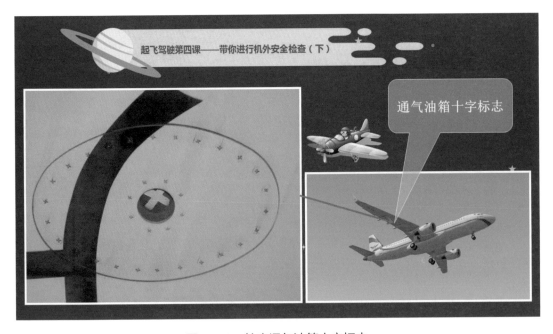

图 4-82　检查通气油箱十字标志

翼尖区域——目视检查右翼尖绿航向灯和白色频闪灯，确保灯罩无损伤。

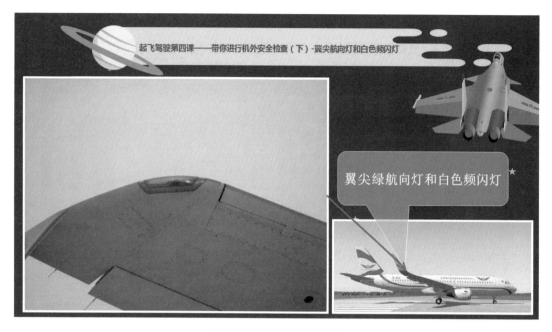

图 4-83　检查翼尖区域

检查右翼尖和副翼上的放电刷——无受损。

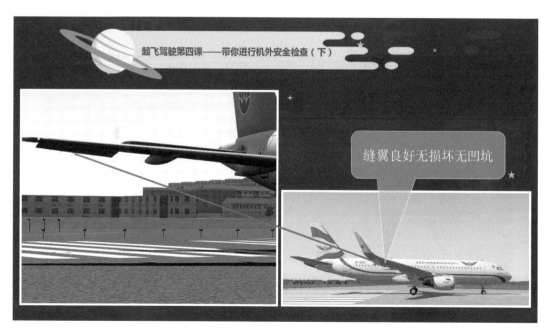

图 4-84　检查右机翼尖和副翼上的放电刷

检查右翼尖后缘各飞行操纵面——无损坏，无油液渗漏。

检查右机翼后缘襟翼划轨整流罩、发动机吊架整流罩——正常无受损。

图 4-85　检查右翼尖后缘各飞行操纵面

2. 右起落架和机身

检查起落架区域——无液压油渗出，检查减震支柱无损坏、无渗漏。

图 4-86　检查起落架区域

检查右主起落架轮毂和轮胎——无损伤，轮胎磨损在标准内。

检查起落架销子——取下。

图 4-87　检查右主起落架轮毂和轮胎

刹车和刹车磨损——指示正常。

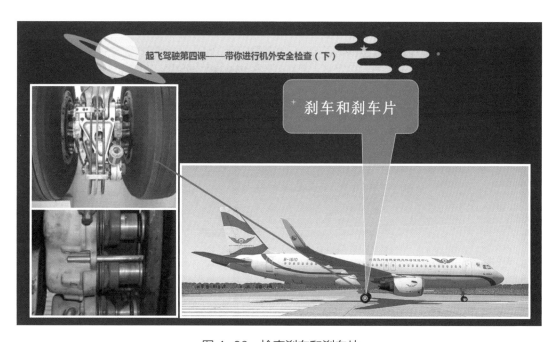

图 4-88　检查刹车和刹车片

黄系统地面液压接口（机身下方）——清洁且正常。

目视检查装在机身下部的天线——没有受损。

图 4-89　检查黄系统地面液压接口

3. 右后机身

散货舱门和飞行记录器入口门——检查关闭。

图 4-90　检查散货舱门和飞行记录器入口门

马桶勤务门——检查关好。

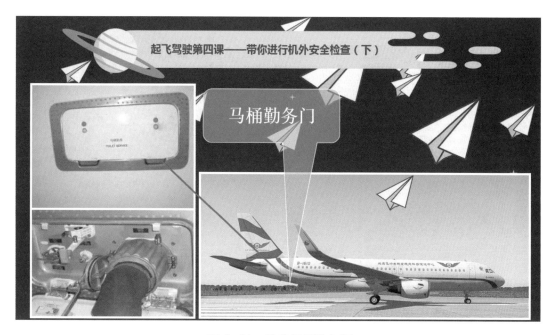

图 4-91　检查马桶勤务门

饮用水维护门——检查关好。

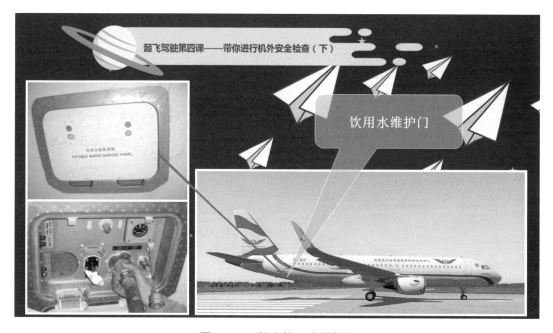

图 4-92　检查饮用水维护门

饮用水服务面板——检查关好。

图 4-93　检查饮用水维护面板

4. 尾翼

检查垂直尾翼、方向舵水平安定面和升降舵——无损坏、无油液渗漏，检查放电刷齐全。

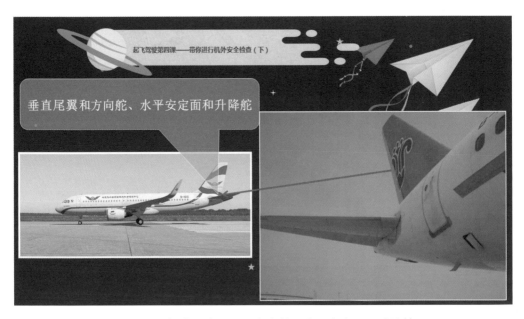

图 4-94　检查垂直尾翼、方向舵、水平安定面和升降舵

排气口良好、舱门关好，目视检查尾椎上白灯灯罩无损伤，白色航行灯亮。

检查 APU 灭火瓶超压释放指示片（红色）在位，APU 下部表面无油液渗漏。

图 4-95　检查 APU

5. 左后机身

地面液压接口——关闭。

图 4-96　检查地面液压接口

6. 左起落架

检查左起落架区域——无液压油渗出。

图 4-97　检查左起落架区域

检查左主起落架轮毂和轮胎——无损伤，轮胎磨损在标准内。

检查起落架销子——取下。

图 4-98　检查左主起落架轮毂、轮胎及起落架销子

刹车和刹车磨损——指示正常。

图 4-99　检查刹车和刹车片

7. 左翼后缘

左机翼照明灯——正常无破损。

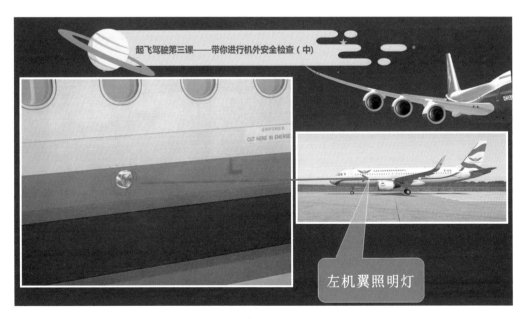

图 4-100　检查左机翼照明灯

左侧缝翼——清洁且正常。

图 4-101　检查左侧缝翼

8. 左翼前缘

缝翼——良好无损坏、无凹坑，机翼下表面无油液渗漏。

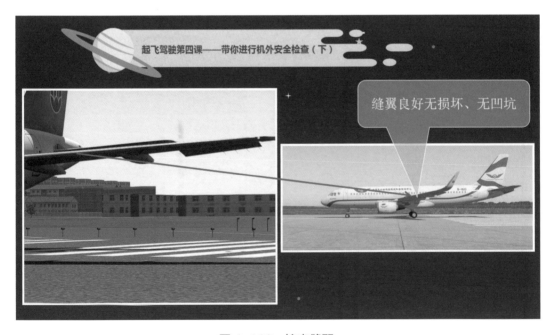

图 4-102　检查缝翼

检查左翼尖红航向灯、白色频闪灯等——灯罩无损伤。

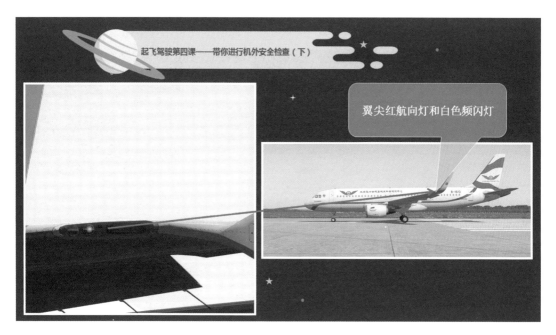

图 4-103　检查左翼尖红航向灯、白色频闪灯

检查左机翼尖和副翼上的放电刷无受损。

检查翼尖后缘各飞行操纵面无损坏无油液渗漏。

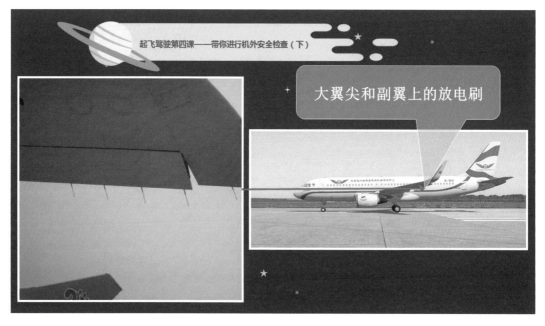

图 4-104　检查左机翼尖和副翼上的放电刷

9. 左发动机

检查左侧发动机吊架等无损坏；检查发动机涡轮叶片等无损坏。

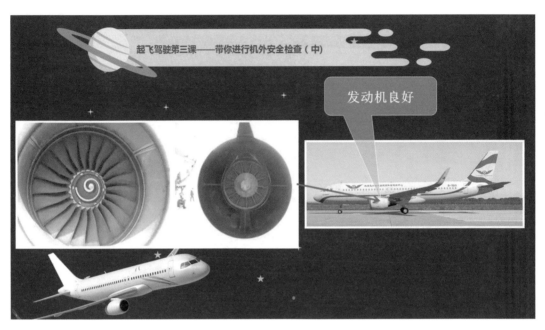

图 4-105　检查左侧发动机

检查左侧发动机下部——无油液漏出。

图 4-106　检查左侧发动机下部

反推锁螺母——在位。

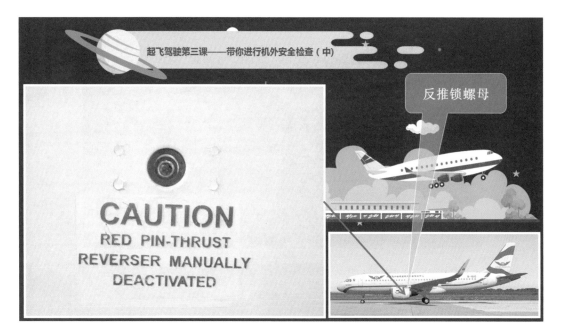

图 4-107　检查反推锁螺母

10. 左中机翼

内侧、外侧燃油箱磁性油位——齐平；燃油排水活门——无渗漏。

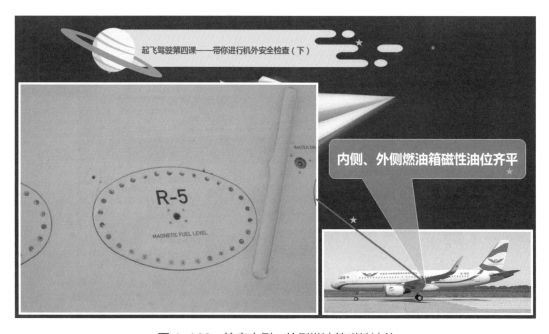

图 4-108　检查内侧、外侧燃油箱磁性油位

检查左机翼后缘襟翼划轨整流罩和发动机吊架整流罩——正常无受损。

图4-109　检查左机翼后缘襟翼划轨整流罩和发动机吊架整流罩

关于机外安全检查我们就讲到这里。

第五节　申请起飞作业的陆空通话

飞机每次起飞前，飞行员都要向空中交通管制员申请起飞。

之前我们说过，民航无线电陆空通话（简称陆空通话）是民航作业中交通管制员和飞行员之间进行交流的标准专业术语。它联系着空中和地面，传递着管制员和飞行员之间的指令信息，这直接关系飞行安全。

图4-110　管制员与飞行员陆空通话

数据表明，在 70% 的飞行事故中，存在错用或未使用标准陆空通话的原因。所以陆空通话语言必须具备准确、简明、无歧义的特性，才能满足通话的整体要求。

我们来看一个飞行员向空中交通管制员申请放行许可的例子吧！

飞行员："北京塔台，航普中心 001。停机位 002，申请本场飞行训练放行许可。"

管制员："航普中心 001，北京塔台。可以进行飞行训练，右起落，使用跑道 36R，飞行高度 1 500 英尺，修正海压 1010，地面静风，准备好报告。"

飞行员："使用跑道 36R，飞行训练高度 1 500 英尺，右起落，修正海压 1010，准备好报告。航普中心 001。"

下面回顾一下飞机推出或启动前的基本操纵程序：

当飞行员上飞机后，其中一名飞行员会穿着反光背心下飞机进行绕机检查（目视查看飞机的外表有无异常情况）；另一名飞行员检查驾驶舱基本设备（氧气、逃生斧、逃生绳等），并在飞行管理计算机内输入飞行计划后，根据时间可以再次进行一次绕机检查。

旅客登机完毕，副驾驶向塔台申请放行许可。

飞行员得到放行许可后，当机门关闭，飞行员会向空中交通管制员申请推出开车（启动发动机）。启动好发动机后，滑行到指定跑道，等待起飞。

第六节　发动机启动的基本操纵程序

本节我们仍以空客 A320 为例，学习启动发动机的程序。

注：

机长（左座）：PF——操纵飞机的飞行员；

副驾驶（右座）：PM——监控飞机的飞行员；

ATC：空中交通管制员。

图 4-111　飞行员正在启动发动机

　　驾驶舱准备程序及向空中交通管制员申请放行许可完成后，飞行员会执行"启动前检查单——线上部分"。

启动前	
驾驶舱准备..............................完成(两人)	
起落架销子和堵盖........................已移除	
信号牌................................ON/AUTO	
ADIRS......................................NAV	
燃油量................................____KG.LB	
TO 数据....................................设置	
气压 基准..........................____设置(两人)	

图 4-112　启动前检查单——线上部分

完成后，向管制员申请推出开车。

陆空通话（申请开车示例）：

PM："北京塔台，航普中心 001，远机位 002，请示开车。"

ATC："航普中心 001，北京塔台，可以开车，准备滑出时报告。"

PM："可以开车，航普中心 001。"

之后，完成以下启动前的程序：

PF：

驾驶舱门窗——检查锁好；

客舱门——观察仪表，检查显示滑梯已预位；

红防撞灯——打开；

推力手柄——检查在慢车位。

PM：

驾驶舱门窗——检查锁好；

客舱门——观察仪表，检查显示滑梯预位。

动作完成后，两名飞行员共同执行"启动前检查单——线下部分"。

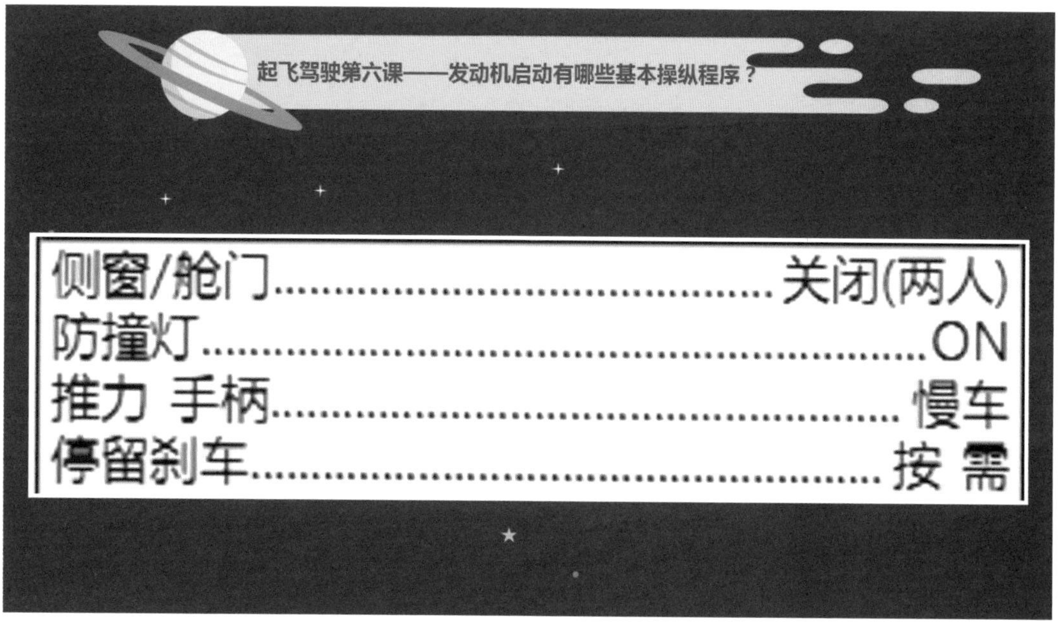

图 4-113　启动前检查单——线下部分

对以上流程进行小结：启动前程序。

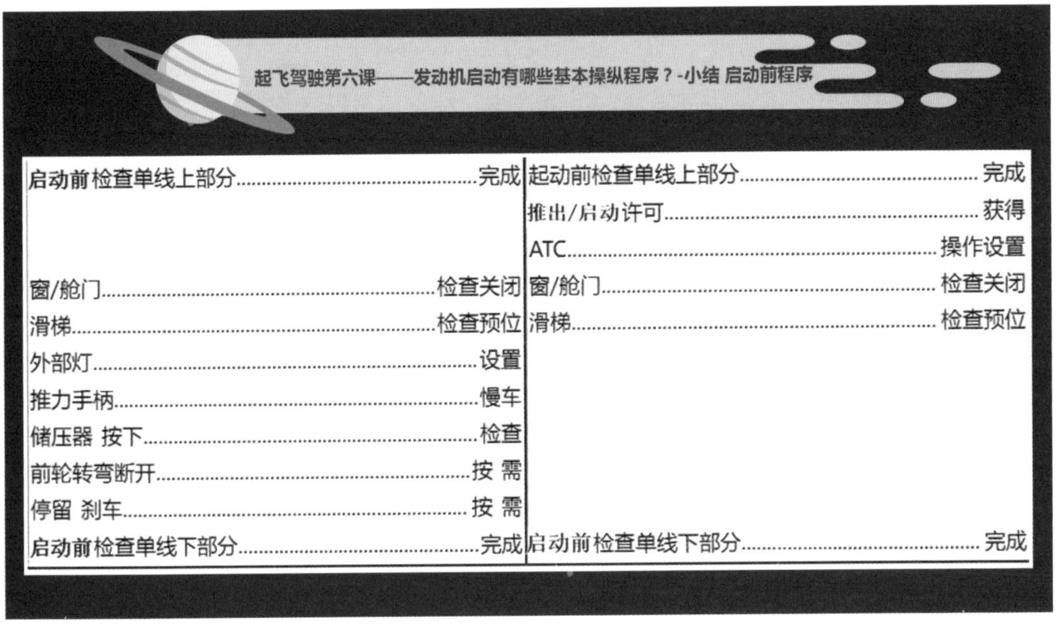

起飞驾驶第六课——发动机启动有哪些基本操纵程序？-小结 启动前程序

启动前 检查单线上部分......................完成	起动前检查单线上部分.....................完成
	推出/启动许可.............................获得
	ATC.................................操作设置
窗/舱门.................................检查关闭	窗/舱门.................................检查关闭
滑梯.................................检查预位	滑梯.................................检查预位
外部灯.................................设置	
推力手柄.................................慢车	
储压器 按下.................................检查	
前轮转弯断开.................................按 需	
停留 刹车.................................按 需	
启动前检查单线下部分..................完成	启动前检查单线下部分..................完成

图 4-114　启动前程序

PF 与通过耳机与地面机务建立联系。

PF：“地面，驾驶舱。”

机务：“收到请讲。”

PF：“启动 2 发。”

机务：“可以启动 2 发。”

与地面机务沟通好后，机务会在地面关注发动机启动的全过程并随时将不正常情况通报驾驶舱。

A320 的启动装置在中央操纵台。

图 4-115　启动装置在中央操纵台

接下来，启动发动机（PF 实施，PM 监控）。

PF：发动机方式选择器——点火位。

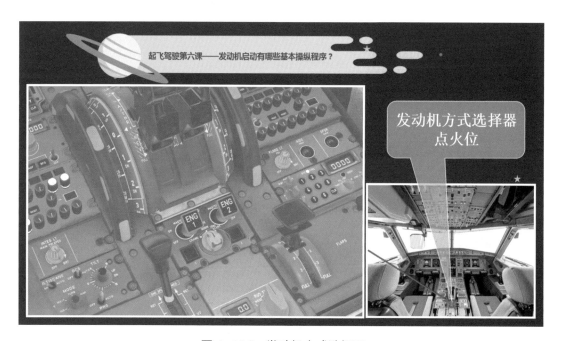

图 4-116　发动机方式选择器

观察发动机仪表指示出现后，

PF 宣布："启动 2 发。"

PF：2 号发动机主电门——打开。

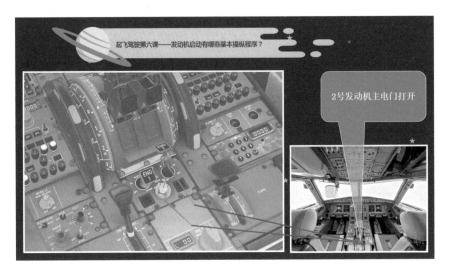

图 4-117　2 号发动机主电门打开

观察发动机仪表上 2 号发动机指示稳定后，PF 通过耳机与地面机务联系。

PF："地面，驾驶舱，启动 1 发。"

机务："可以启动 1 发。"

PF 宣布："启动 1 发。"

PF：1 号发动机主电门——打开。

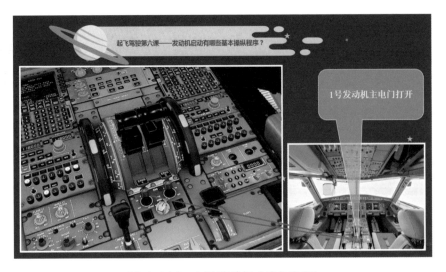

图 4-118　1 号发动机主电门打开

观察仪表上 1 号发动机指示稳定后，启动完成。

对以上流程进行小结：发动机启动程序。

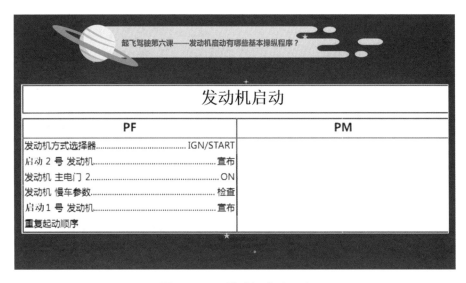

图 4-119　发动机启动程序

第七节　发动机启动后的基本操纵程序

发动机启动好之后，完成启动后程序。

PF：发动机方式选择器——正常位。

图 4-120　发动机方式选择器设置为正常位

APU（辅助动力装置）引气电门——关。

APU 开关——关。

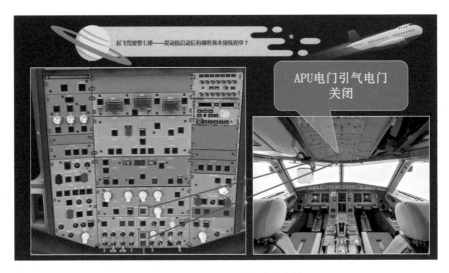

图 4-121　APU 引气电门关闭

发动机指示仪表——状态键按压，检查无故障信息出现。

PF 通过耳机与地面机务联系：

PF："地面，驾驶舱，启动完成，再见。"

机务："再见。"

随后机务会远离飞机，结束对发动机启动的辅助监控。

PM：地面扰流板——预位。

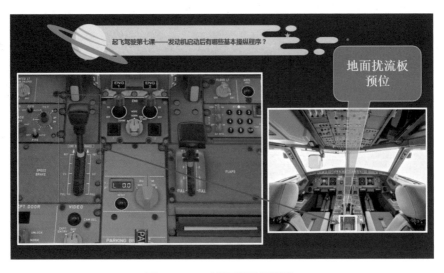

图 4-122　地面扰流板预位

方向舵配平——按钮按压。

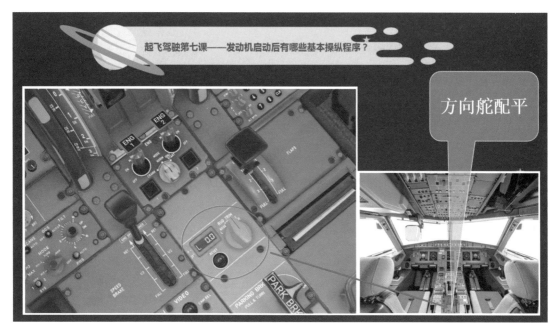

图 4-123　方向舵配平

襟翼——设置为起飞位（2）。

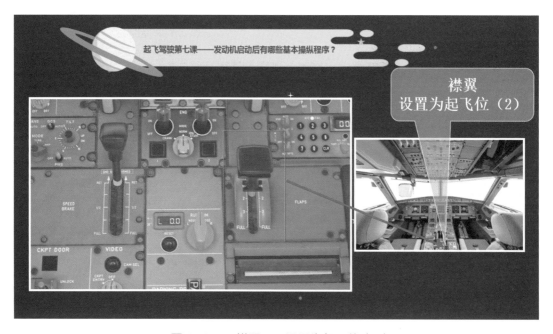

图 4-124　襟翼——设置为起飞位（2）

俯仰配平——设置起飞区间。

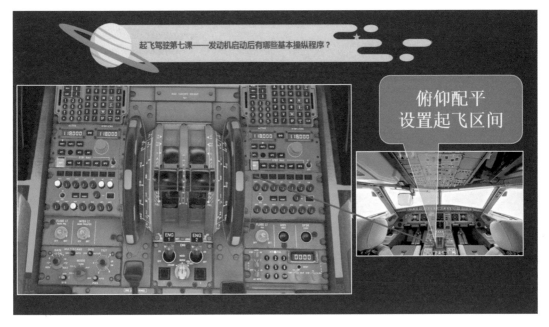

图 4-125　俯仰配平——设置起飞区间

发动机指示仪表（ECAM）——状态键按压，检查有无故障信息。

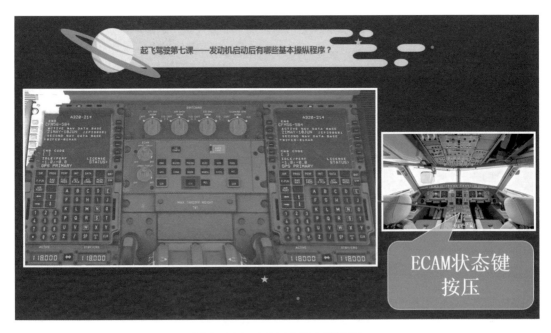

图 4-126　ECAM 状态键按压

之后，飞行员共同执行"启动后检查单"。

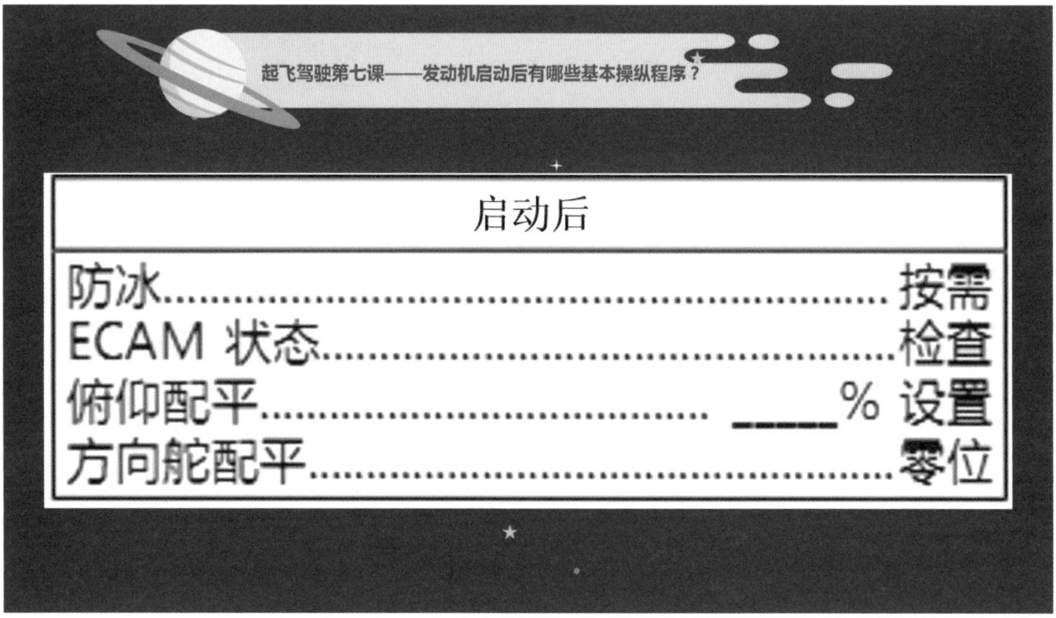

图 4-127　启动后检查单

对以上流程进行小结：启动后程序。

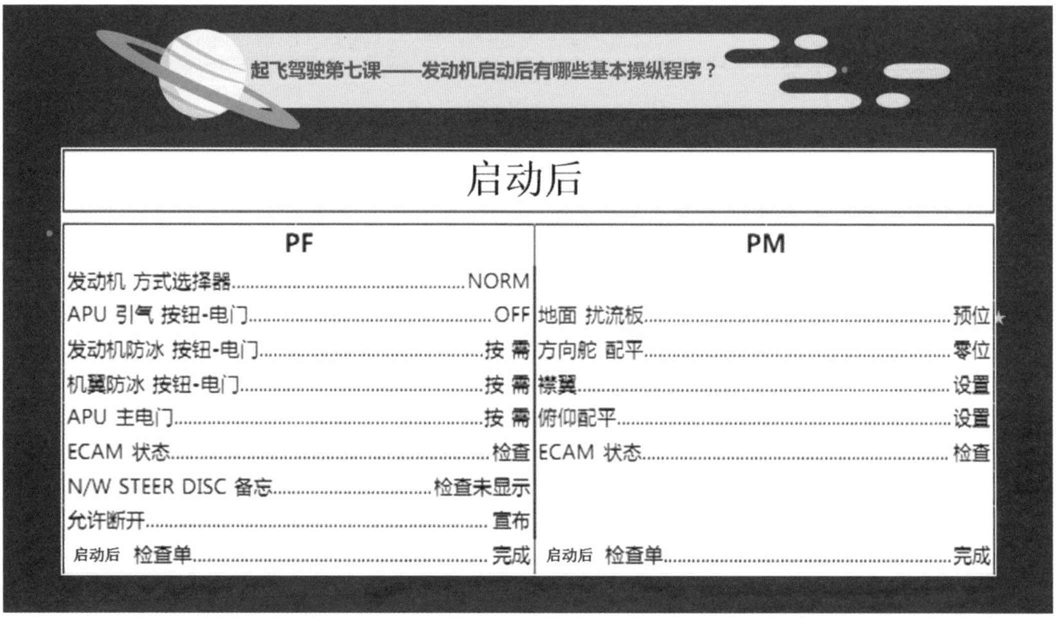

图 4-128　启动后程序小结

关于发动机启动我们就讲到这里。

第八节　发动机启动后的陆空通话

发动机启动完成后，飞行员即将操纵飞机自主滑行并起飞。

通过陆空通话按钮，飞行员向管制员申请滑行。

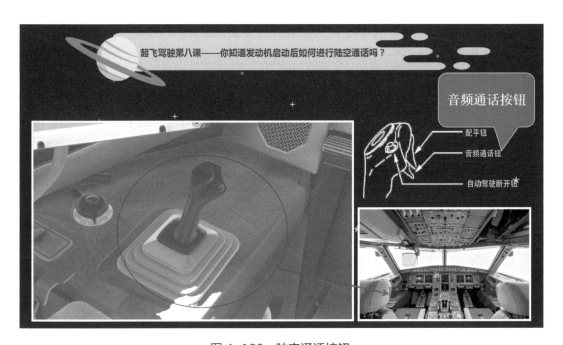

图 4-129　陆空通话按钮

陆空通话（申请滑行示例）：

PM："北京塔台，航普中心 001，请示滑出。"

ATC："航普中心 001，北京塔台，可以滑出，沿 G-EO-36R 跑道外等。"

PM："G-EO-36R 跑道外等，航普中心 001。"

第九节　滑行中的基本操纵程序

滑行中有哪些基本操纵程序呢？

PF 通过驾驶舱窗户向已经远离飞机的机务举手示意滑行，机务观察飞机附近无障碍，手臂侧平举示意飞机可以滑行。

滑行过程中，PF 和 PM 还有一系列工作需要完成。

PF：打开滑行灯。

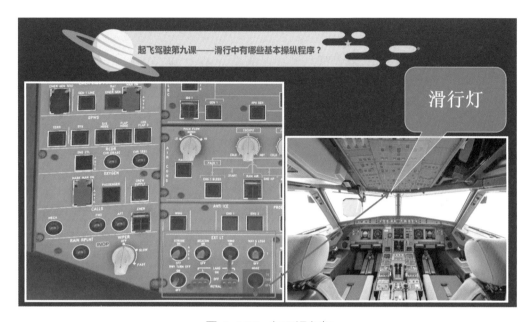

图 4-130　打开滑行灯

松开停留刹车。

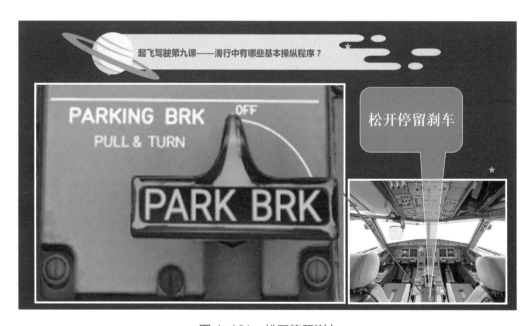

图 4-131　松开停留刹车

左手握手轮控制方向，右手轻推油门开始滑行。

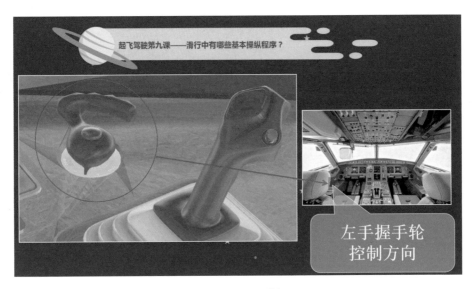

图 4-132　手轮

当飞机开始移动——轻点脚蹬刹车，以检查刹车是否正常工作。

图 4-133　脚蹬刹车

滑行速度最大不可超过 30 节。

左座侧杆、脚蹬操纵检查——通过仪表观察副翼左右摆动状态、安定面上下运动状态正常。

图 4-134　左座侧杆操纵检查

PM：

在 PF 完成操纵检查后，

右座侧杆脚蹬操纵检查——通过仪表观察副翼左右摆动状态、安定面上下运动状态正常；

雷达——开关设置开位；

预测式风切变系统——开关设置自动位。

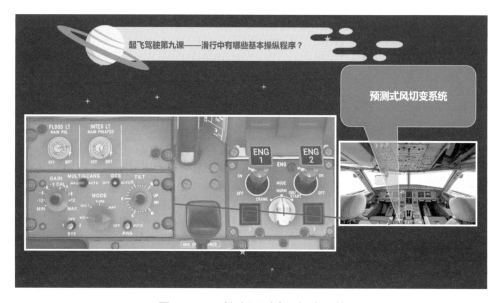

图 4-135　检查预测式风切变系统

应答机——检查正常，设置到待命 STBY 位。

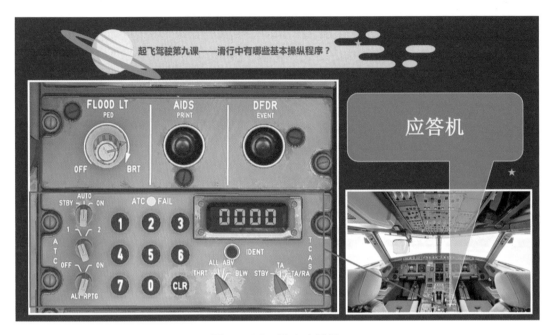

图 4-136　检查应答机

自动刹车——选择最大位。

图 4-137　检查自动刹车

起飞形态按钮——按压，检查仪表显示无异常；

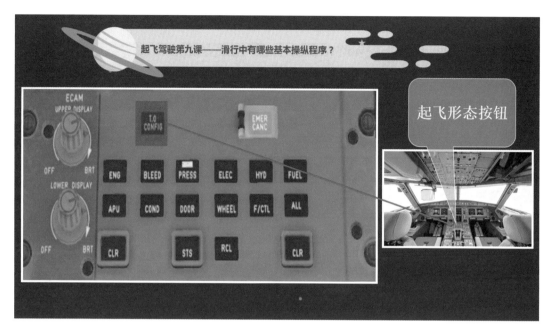

图 4-138　检查起飞形态按钮

客舱——确认收到客舱乘务员已经准备好起飞的报告。

之后，飞行员共同执行"起飞前检查单——线上部分"。

起飞前

飞行操纵	检查(两人)
飞行 仪表	检查(两人)
简令	证实
襟翼调定	形态＿＿＿(两人)
V1。 VR。 V2/灵活 温度	＿＿＿(两人)
ATC	设置
ECAM 备忘	起飞 无蓝字

- AUTO 刹车 MAX
- SIGNS ON
- CABIN READY（客舱就位）（◁）
- 扰流板 预位
- 襟翼 起飞
- 起飞 形态 正常

图 4-139　起飞前检查单——线上部分

之后飞行员继续按管制员指令滑行。

对以上流程进行小结：起飞之前滑行程序。

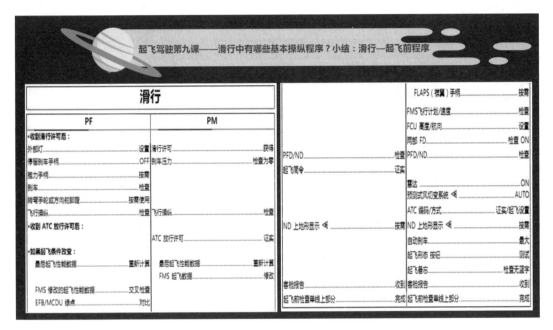

图 4-140　起飞之前滑行程序小结

关于滑行程序我们就讲到这里。

第十节　有关起飞之前滑行操纵程序的要点

飞机在滑行中需要注意的事项如下：

（1）在滑行之前需要检查刹车是否正常。

（2）在滑行之前确定前方是否安全，如有其他的飞机在附近滑行，需保持一定距离。

（3）滑行速度不要过快，最快不能超过 30 节。

（4）遵守所在机场的滑行条例、程序，严格按照管制员的滑行指令执行。

图 4-141　飞机滑行

第十一节　起飞前的基本操纵程序

飞行员向空中交通管制员申请进跑道。

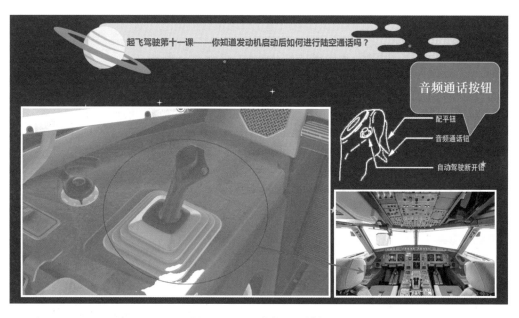

图 4-142　陆空通话按钮

陆空通话（申请进跑道示例）：

PM："北京塔台，航普中心 001，36R 跑道外准备好。"

ATC："航普中心 001，北京塔台，进跑道 36R 等待。"

PM："进跑道 36R 等待，航普中心 001。"

PF 操纵飞机滑入跑道，PM 完成以下进跑道程序。

PM：刹车风扇——设置为关位。

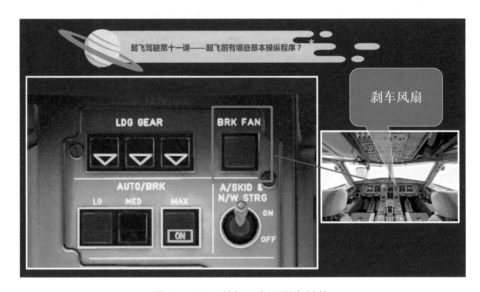

图 4-143　刹车风扇设置为关位

应答机——TA/RA 位置。

图 4-144　应答机——TA/RA 位置

飞行员观察空中——确认无飞机即将落地。

安全带灯——开关两次，通知客舱即将起飞。

之后，飞行员共同执行"起飞前检查单——线下部分"。

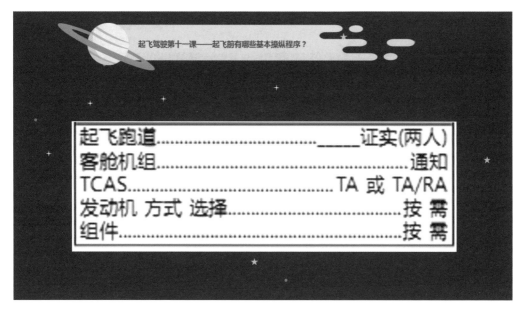

图 4-145　起飞前检查单——线下部分

对以上流程进行小结：进跑道程序。

PF	PM
	刹车 温度（如果 刹车 风扇 ◁ 在运转）..........检查
	刹车风扇 按钮·电门（如果 刹车 风扇 ◁ 在运转）..........OFF
	进跑道许可..........获得
外部灯..........设置	TCAS 方式 选择器 ◁..........TA 或 TA/RA
进近轨迹..........无活动飞机	进近轨迹..........无活动飞机
	客舱机组..........通知
	发动机 方式选择器..........按需
滑动桌板 ◁..........收好	滑动桌板 ◁..........收好
所有 EFB 传送方式..........按需	所有 EFB 传送方式..........按需
所有 EFB (无固定支架装置)..........收好	所有 EFB (无固定支架装置)..........收好
THRUST BUMP（推力增强）◁..........按需	
起飞跑道..........证实	起飞跑道..........证实
	组件 1+2..........按需
起飞前 检查单 线下部分..........完成	起飞前 检查单 线下部分..........完成

图 4-146　进跑道程序小结

第十二节　起飞的陆空通话

飞机对正跑道后，需要向管制员申请起飞。

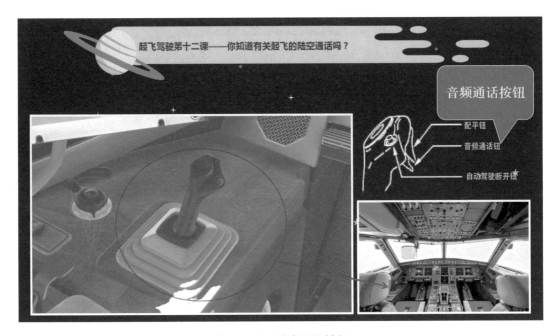

图 4-147　陆空通话按钮

陆空通话（申请起飞示例）：

PM："北京塔台，航普中心 001，准备好起飞。"

ATC："航普中心 001，北京塔台，36R 地面静风，可以起飞。"

PM："可以起飞，36R，航普中心 001。"

在得到起飞许可后，飞行员准备起飞。

飞行员在加油门起飞前还要完成以下动作。

PF：

外部灯光——全部打开。

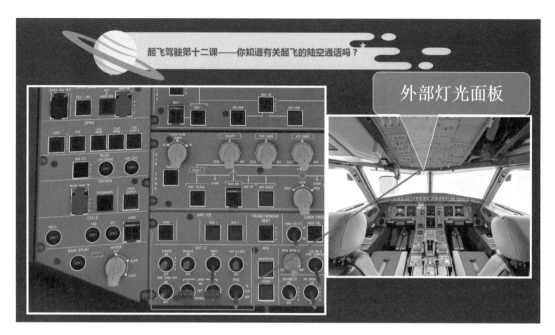

图 4-148　外部灯光全部打开

PF 宣布——"起飞"。

双脚——确认松开刹车。

图 4-149　确认松开刹车

视线——目视前方尽量看远。

左手——握驾驶杆。

图 4-150　左侧飞行员左手握驾驶杆操纵飞机起飞

右手——加油门至起飞马力位。

图 4-151　右手加油门至起飞位

双脚——脚蹬控制方向。

飞行仪表 PFD 上方显示——读出所有显示。

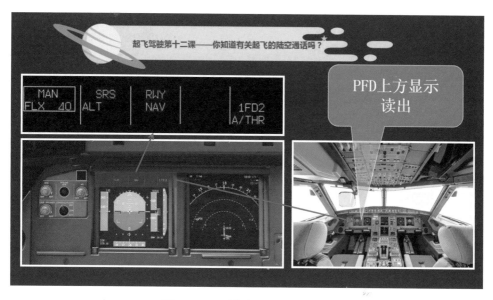

图 4-152　读出 PFD 显示数据

听到 PM 的"100 节"口令——下口令"已检查";

速度到达 V1(决断速度),听到 PM 的"V1"口令——右手离开油门。

速度到达 VR(抬头速度),听到 PM 的"抬头"口令——柔和向后拉杆(不能粗猛,防止擦机尾,离地后逐渐将飞机带到姿态 15°)。

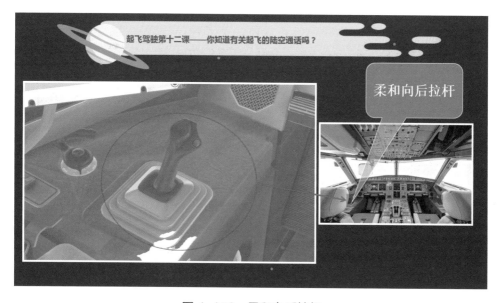

图 4-153　柔和向后拉杆

飞机抬头后——视线逐渐从驾驶舱外转入驾驶舱内的仪表。

飞机离地后——PF 喊出"收轮"。

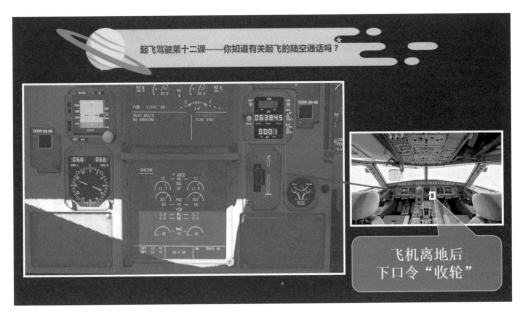

图 4-154　飞机离地后 PF 喊出"收轮"

PM：

在 PF 加油门过程——关注仪表上的发动机指示有无异常。

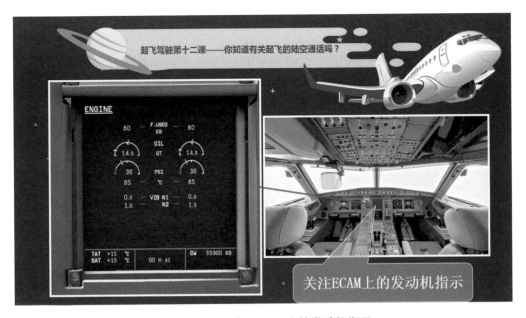

图 4-155　关注 ECAM 上的发动机指示

当 PF 加油门至起飞位——计时。

图 4-156　加油门至起飞位时计时

发动机参数稳定——下口令"推力设置"。

速度到达 100 节——下口令"100 节"。

速度到达 V1（决断速度）——喊出"V1"。

速度到达 VR(抬轮速度)——喊出"抬轮"。

飞机离地听到 PF 喊出"收轮"——起落架手柄收上。

对以上流程进行小结：起飞程序。

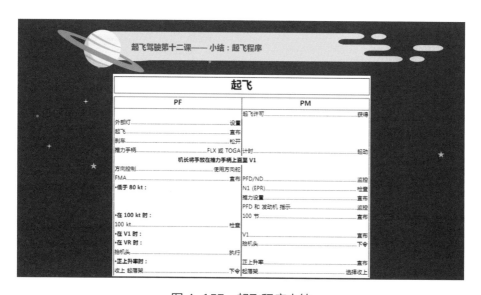

图 4-157　起飞程序小结

关于从起飞开始滑行到离地的程序我们就讲到这里。

第十三节　起飞后的基本操纵程序

如果在起飞过程中已使用 APU（辅助动力装置）给空调供气，则需要将 APU 引气按钮设置到关断位。

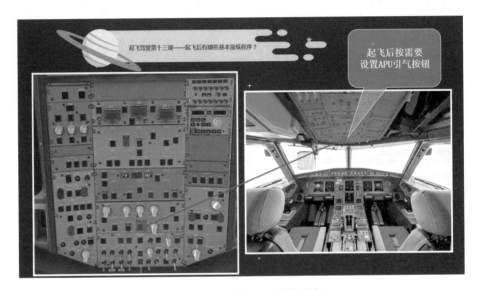

图 4-158　设置 APU 引气按钮

应答机确认设置在 TA/RA 位（可为飞行员提供有关其他飞机是否接近的危险警告）。

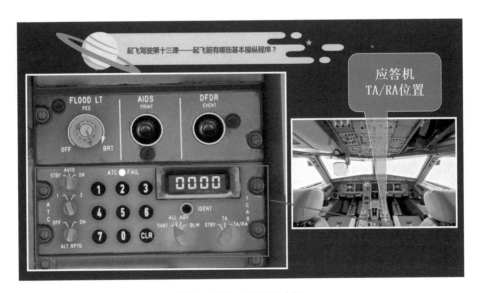

图 4-159　应答机选择

如果飞机进入积冰区，打开发动机防冰电门；打开机翼防冰电门。

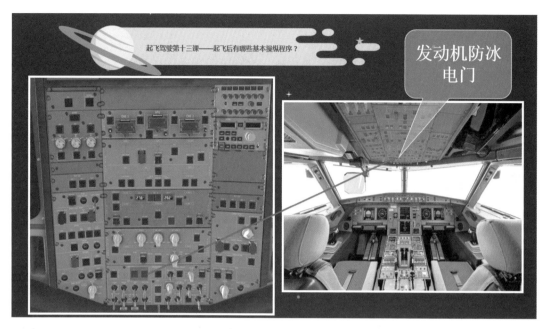

图 4-160　发动机防冰电门

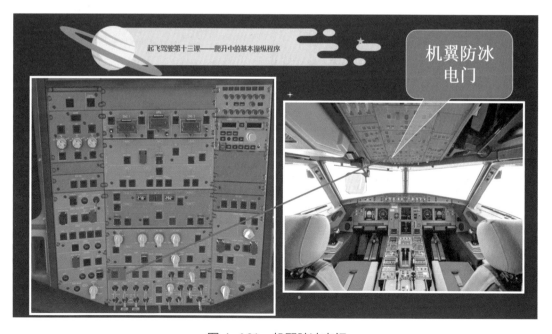

图 4-161　机翼防冰电门

第十四节　爬升中的基本操纵程序

依然以空客 A320 为例。

飞行员在起飞后就可以接通自动驾驶仪，并在面板上选择目标高度、爬升方式。同时飞行员可以随时调整爬升速度和升降速率。在爬升高度时，两名飞行员要把高度表设置为标准气压，并完成起飞后爬升检查单——线下部分。

气压基准——设置为标准气压。

在爬升通过 10000 英尺时。

PM：

着陆灯——关闭。

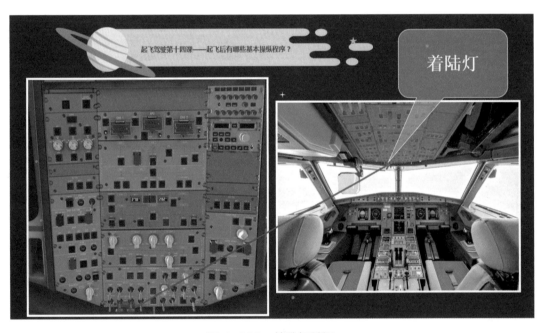

图 4-162　着陆灯关闭

客舱安全带灯——关闭。

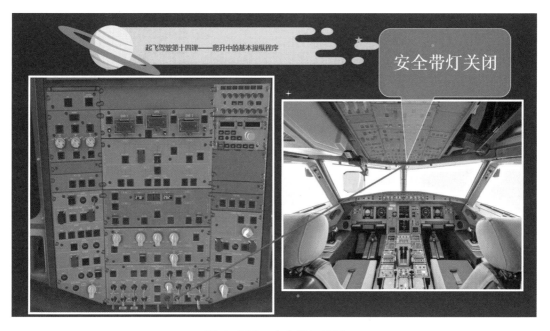

图 4-163 安全带灯关闭

飞机系统备忘页面——逐一检查各系统均无故障。

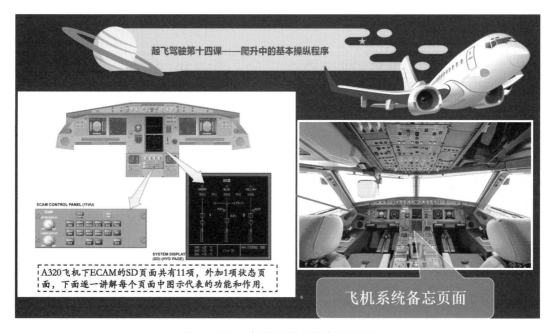

图 4-164 检查飞机系统备忘页面

导航设备——检查无故障。

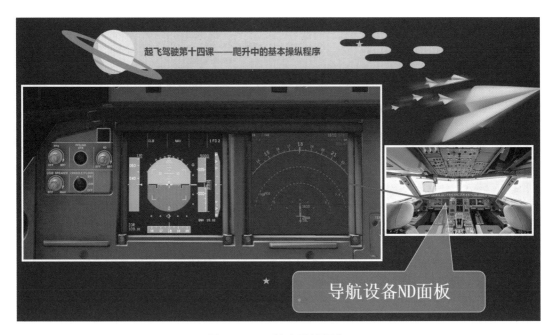

图 4-165 检查导航设备

飞行最佳或最大高度性能——检查。

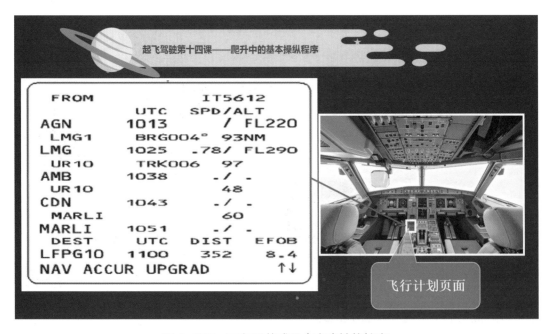

图 4-166 飞行最佳或最大高度性能检查

到此为止，一个完美的起飞爬升告一段落。

第十五节　爬升时的陆空通话

飞机爬升中管制员会对飞行员发出很多指令，比如：

"航普中心 001，北京塔台，起飞后右转航向 090，上升到 600 米保持。"

"航普中心 001，北京塔台，到达 600 米后联系进近 119.1。"

"航普中心 001，北京塔台，右转航向 090，上升到高度 600 米，加入 D05 号标准离场程序，之后沿 A461 航路飞行。"

"航普中心 001，北京塔台，相对飞行，波音 737 在你下方，预计相遇时间 06 分，目视相遇无影响报告。"

附：飞行专业术语及换算

PF 飞行员：Pilot-Flying，操纵飞机的飞行员

PM 飞行员：Pilot-Monitoring，也叫 PNF（Pilot-Not-Flying），监控飞机的飞行员

1 米 =3.281 英尺

1 节 =1 海里 / 小时 =1.852 公里 / 小时

启动：同"起动"。

☀ 附录　关于中国飞天梦计划与志愿团

一、"中国飞天梦计划"的历史意义

"中国飞天梦计划"由北京市飞行者航空科普促进中心在 2016 年发起并负责实施，致力于为国家培养、启蒙新时代航空航天接班人，计划到 2024 年 9 月 21 日前，在全国科普超过 115 万人，纪念中国"航空之父"冯如发明飞机 115 周年，同时超越美国"雏鹰计划"，成为世界上最大的航空航天公益启蒙工程。

二、如何记录 115 万人？

这是一个非常重要且具有历史性的公益项目，无论您是学生，还是成人朋友，只要您参加了"中国飞天梦"相关的航空航天科普培训或者认真地阅读了本书，就可以在"航普中心"微信公众号中申请《中国飞天梦计划科普证书》。每一个证书右上角会有独立的编号，这是您参与航空航天科普活动、为航空航天强国事业做出贡献的的记录与标识，今后可以通过此编号参与到各类"中国飞天梦"系列活动中。

三、关于"中国飞天梦志愿团"

"中国飞天梦志愿团"坚决拥护中国共产党的领导，是在中国特色社会主义思想指引下，为中华民族培养新时代航空航天人才的先锋队。

"中国飞天梦志愿团"是在中国科协科普部的指导下，由北京市飞行者航空科普促进中心发起成立的科技志愿者队伍。通过培养广大人民对航空航天的热爱，树立正确的家国情怀，提高全民综合素质和科学素养，为国家和社会培养优秀人才，从而实现中华民族伟大的飞天梦。

"中国飞天梦志愿团"全体志愿者将会得到公益的《飞行员理论知识》的学习培训，参加国家民航局组织的飞行员理论考试，获得考试成绩。成年人志愿者将有机会加入航空预备役队伍，每年参加脱产到部队的军事科目训练，成为真正的国防力量（中共党员优先）。

四、"中国飞天梦志愿团"的使命

作为新时代中国特色社会主义思想指引下的飞天梦志愿团，我们的使命，就是要造就一大批人。

这些人，是祖国航空航天事业发展的先锋队；

这些人，充满家国情怀和奉献精神；

这些人，是胸怀坦荡的、忠诚的、积极的与正直的；

这些人，不谋私利，为祖国航空航天事业的发展与创造奋斗着；

这些人，不怕困难，在困难面前，总是坚定地勇敢向前；

这些人，不是狂妄分子，也不是风头主义者，而是脚踏实地富于实际精神的人们。

中国，要有一大群这样的先锋分子，

中国与世界，探索星辰大海的火种将会永久传承！

五、"中国飞天梦志愿团"团歌

1 = C 4/4

词
曲

```
1 5̣ 3 1·2 | 3 4 5·6 5 | 4 3 2 2 3̂2̂1 | 2 5 3 - | 1 5̣ 3 1·2 |
君不见,汉      终  军,弱冠系虏请    长  缨,   君不见,班

3 4 5·6 5 | 4 3 2 2 3̂2̂1 | 2 5 1 - | 6·6 6 6 4 3 | 5 - 5 0 |
定    远,绝域轻骑催    战  云!  男 儿 应 是 重  危行,

4·4 4 5 4 | 3 - - 0 | 6·6 6 6 7 | 1̇ 7 6 6 7 | 1̇ 7 6·7 |
守  卫 长 空 荣此生。  国 史 明  标  第 一 功 儿女 从 此 号 雄

5 - - 5̂6̂7̂ | 1̇ 0 1 1 1 4 | 3· 2 1 6̂7̂1̇ | 2 0 2 2 2 5 |
鹰,     持我  昔 时笔, 著我  战  时 衿, 一呼 冲 天 逾 十

4·3 2 3 4 | 5·5 5 5 4 5 | 6·6 6 6 6 | 5 - 6 6 | 5 5·5 6 7 |
万,    壮志 凌 云 齐 飞  行。         齐 飞行。保家 卫 国  不顾

1̇ - - 1·1 | 1̇· 7 6 5 4 5 | 6 6 6 3 3 1·1 | 6·5 4 3 2 1 |
身。     全  国  各 族人 民  团 结一 起,   全 国 各 族人 民

3 3 3 2 5 0 5 5 0 | 1̇ 1̇ 1̇ - 5̂5̂5̂ | 1̇·5 3 1 5 0 6 6 0 | 2̇2̂2̇ 2̇ - 6̂6̂6̂ |
团结 一起。冲天, 冲天!   我们是  航空 先锋 队,冲天,  冲天!    我们是

2̇·1̇ 7 5 1̇ 0 1̇ 1̇ 0 | 3 3 3 - 2̂2̂2̇ | 3· 1̇ 2̇ 3 1̇ - - 0 |
航 空 先锋 队, 冲天,  冲天!     我们 是 航  空 先 锋 队!    D.C
```

六、"中国飞天梦志愿团"报名方式

1.通过互联网搜索中国科协的"科技志愿服务"网站,完成实名注册,网址:http://www.stvs.org.cn/。

2.在网站通过"找组织"搜索"中国飞天梦科技志愿团",选择自己所在的省或城市,直接选择最后一页"中国飞天梦科技志愿团"加入全国总队。

中国飞天梦科技志愿团   加入组织

组织口号   壮志凌云,一飞冲天,为祖国,去飞行
组织编号   20161025009760
服务类型   网络科普、科普讲解、青少年科技教育、科普报告、科技咨询、科技培训
成立时间   2016-10-25
品牌项目   0

3.加入后,请关注公众号"航普中心"进行留言,每日志愿团党建工作指导员会进行审核。期待您的加入!

壮志凌云　一飞冲天

为祖国　去飞行

图书在版编目（CIP）数据

起飞的奥秘 / 李伏龙，张海编著. -- 北京 : 华夏出版社有限公司，2021.11

ISBN 978-7-5222-0020-0

Ⅰ. ①起… Ⅱ. ①李… ②张… Ⅲ. ①航空－普及读物 Ⅳ. ① V2-49

中国版本图书馆 CIP 数据核字（2020）第 205734 号

起飞的奥秘

编　　著	李伏龙　张　海
责任编辑	陈小兰　李增慧
责任印制	周　然
出版发行	华夏出版社有限公司
经　　销	新华书店
印　　装	三河市万龙印装有限公司
版　　次	2021 年 11 月北京第 1 版
	2021 年 11 月北京第 1 次印刷
开　　本	787×1092　1/16
印　　张	13.5
字　　数	250 千字
定　　价	69.00 元

华夏出版社有限公司　　地址：北京市东直门外香河园北里 4 号　　邮编：100028
网址：www.hxph.com.cn　　电话：(010) 64663331（转）
若发现本版图书有印装质量问题，请与我社营销中心联系调换。